business

idea

growth

BIG（Business, Idea & Growth）系列希望與讀者共享的是：
●商業社會的動感●工作與生活的創意與突破●成長與成熟的借鏡

尋找下一個賈伯斯

跟賈伯斯的老闆學
覓才、用才、育才及留才的51個心法

FINDING THE NEXT STEVE JOBS
HOW TO FIND, HIRE, KEEP, AND NURTURE CREATIVE TALENT

Nolan Bushnell Gene Stone
諾蘭・布許聶爾 & 傑尼・史東＿著
李芳齡＿譯

第一部　兵
覓才、用才　下一個賈伯斯

FINDING THE NEXT STEVE JOBS 目次

育才、留才 下一個賈伯斯

第二部

乓

FINDING THE NEXT STEVE JOBS

目次

◉推薦文

創新人才：要找一種，不能只找幾個

姚仁祿

「不創新，就沒有前途」，台灣企業家，幾乎都同意；「沒人才，就不能創新」，台灣企業家，幾乎都懂；問題是，「創新人才，要找一種，不能只找幾個」，台灣企業家，懂得的不多，因為，這個道理，實在有點難以相信。

如果，不是懂得的企業家不多，台灣的政府與企業，都這麼重視創新，我們不早就該有許多以創新為核心的企業，在全球領先了嗎？

例如，宏達電，從產品到廣告，都這麼重視創新，為何好像老是卡住？問題出在哪兒？

我不是研究宏達電的專家，但是，從多年研究創新的角度觀察，我猜測，是創新人才組合方式，出了問題。

我猜，宏達電與許多企業一樣，誤以為創新人才可以一個一個找來，要是運氣好，找到一位以一當百的天才，就能每天替企業想一堆點子……其實，這樣的觀念是錯的！（但是，我見過許多這樣的企業家。）

以創新為核心的企業，不是今天換包裝，明天變化一下內容，後天推個廣告，讓消費者覺得新奇就可以了。創新型企業，最重要的是讓企業從老闆到每一個環節的同仁，無論是企劃、行政、財務、人資、研發、設計、生產、行銷、配送、客服、調查、稽核……都是同一種人（都具有創新能力的人），否則，企業創新就會卡死。

換言之，在創新型企業，雖然每個人都有不同的工作，有不同的任務，但是，要的卻是同一種人；這種人，時時刻刻把「創新」當成命脈，人人不敢不創新，而不是只有少數人創新，其他人，不敢創新。

這要怎麼做到？也許，讀這本書，可以幫上一點忙。

這本書，怎麼來？又怎麼可以幫得上我們的忙？

話說……故事發生在，巴黎……

左岸，聖日爾曼區，雙叟咖啡店，那裡，二十世紀早期的哲思文人，例如，作家西蒙．波娃、詹姆士．喬伊斯、海明威、哲學家沙特、畫家畢卡索，經常造訪。

一九三三年開始，這家咖啡館，每年都會頒發「雙叟文學獎」給法國小說……每天，這裡，客人，慕名，來來去去……一九八○年，那天，也沒例外，只是，店裡的客人之間，擠著兩位美國人，一老一少，誰也沒想到，少的那位，後來以創新，改變了世界。

喜歡卡布奇諾咖啡的，較老，三十七歲；喜歡茶的，較小，二十五歲，兩人差了十二歲；後來，他們一起離開咖啡館，老的帶路，在巴黎逛街，累了，就在咖啡館坐下來；他們邊逛邊聊，多是二十五歲的問，三十七歲的答。

老的，諾蘭．布許聶爾，兩、三年前，剛以兩千八百萬美金（約相當於當時的十一億二千萬台幣），把自己創辦的公司賣給華納。他經營的兩家企業，年營業額二十五億美金（那時，大約相當於一千億台幣）。

小的，賈伯斯，幾年前，曾在諾蘭創辦的雅達利（Atari）公司上班，現在，他與朋友共創的蘋果二號電腦，賣得很好，年營業額大約一億美金（當時的四十億台幣左右）。

二十五歲的賈伯斯，腦袋裡，有五個相信、兩類疑問。那天，他與諾蘭聊了許久，希望解開心裡的疑團：

他的五個相信是：

一、小型電腦，改變世界：他相信，小型化的計算機，將徹底改造人類思考的速度，進而改變人類生活；

二、單純美感，才能感染：他相信，創新，必須像巴黎都市之美一樣，單純、易記、又能感染人心；

三、不斷創新，才有前景：他相信，創新，是企業唯一的前景；

四、全員創新，才能創新：他相信，全員創新，是企業創新必須具備的條件，創新只集中少數人，是不可能成為創新型企業的；

五、沒有規則，就是規則：他相信，為企業創新訂定規則，是不對的，打破規則，就是規則。

FINDING THE NEXT STEVE JOBS

他的兩類疑問是：

一、他想知道，創新型企業，如何能夠持續領先？

二、他想知道，如何讓全員都能、都願創新，不會把創新的任務，只推給少數人？

老的（布許聶爾）向賈伯斯提供了許多建議，賈伯斯也做了很多筆記……

三十多年後，布許聶爾（本書作者），咖啡店裡三十七歲的那一位，也將那天的建議寫下，成為這本書《尋找下一個賈伯斯》。

如果，那一天，這位三十七歲的富人，在巴黎逛街聊天時的建議，對賈伯斯有用，也許，三十多年後，他藉由本書與我們聊天，也會對你我都有用吧？

萬一，您在書上讀到的觀念，與您的想法差距太遠，不要急著否決，放在心裡沉澱一陣，因緣到時，或許，可以幫上大忙。

（本文作者為大小創意齋共同創辦人兼創意長）

◉前言 1980，巴黎

一九八〇年，我的公司恰奇披薩遊樂場親子連鎖餐廳（Chuck E. Cheese's）生意蒸蒸日上，我很興奮得意，便在巴黎艾菲爾鐵塔和巴黎軍事學校之間的戰神廣場（Champs de Mars）買下一棟六層樓高、佔地一萬五千平方英尺的豪宅，內有大理石砌的樓梯間，地下室有游泳池。當時，我和妻子尚未購置任何傢俱，便想：何不趁著房子還空蕩寬敞時，把它裝滿人呢？

於是，我們舉辦了一場大型派對，邀請我在恰奇和雅達利（Atari）兩家公司認識的所有人，以及我的老朋友們前來參加。很奇怪，現身這場喬遷派對的人數，比我不久前在加州伍賽鎮（Woodside）自宅舉辦的那場派對出席賓客還多。大家玩得很開心，派對從黃昏持續到翌日近天亮。

那天晚上九點左右，我抬眼看到雅達利前員工史帝夫．賈伯斯（Steve Jobs）站在門口，我朝他微笑，他滾動著眼珠子，我想，他大概有點被這地方的寬敞嚇到了。在我人生的輝煌騰達時期，賈伯斯還是老樣子，看起來不是什麼了不得的傢伙。

「嘿，很高興你來了，」我向他打招呼。

他回答：「你在巴黎辦派對，我是最不會錯過的人啦，」又緊接著說道：「反正，我需要放個假。」

我問他抵達巴黎多久了，他說來了好幾天了。

「那我倆明天一起吃早餐，」我提出邀請，他說好。

我們繼續聊著，我注意到，賈伯斯的模樣跟之前任職於我旗下的雅達利公司時不一樣了，其實，從他離開雅達利後，我每次見到他，他的穿著都變得比之前更得體，看起來也更成熟。這晚，他一如既往穿著Levi's 501系列牛仔褲，不過很乾淨，雖然仍蓄著長髮，但看得出剛洗過。

此外，他的舉止也很得體，沒有什麼可挑剔之處，看來，他已經使自己變得文雅有禮了。任職雅達利期間，他雖然是個很棒的員工，但沒有人會說他是個很好相處的人。

此時，他新創立的蘋果公司已經相當成功，年營收約稍低於一億美元，但離雅達利或恰奇還差得遠，一九八〇年時，雅達利年營收約二十億美元，恰奇年營收則在五億美元左右。當初，我婉拒入股蘋果三分之一的股權，不過我仍然對自己的這項決定不覺得有太大遺憾，雖然，我已經開始思忖，那是個錯誤決定。

儘管如此，我仍然深以賈伯斯為傲，也覺得我們對他的成功有一些貢獻，例如，我們提供電腦零組件給他，讓他以成本價購買微處理器，事實上，蘋果早年的零組件幾乎全來自雅達利，全都是成本價供應。蘋果的調變器（modulator，讓Apple II能夠連結至電視機的器材）使用的是雅達利的現成設計。

劃一性，這裡就是巴黎

第二天，賈伯斯跟我一起，我充當導遊，帶他遊覽我特別鍾愛的地方，包括雙叟咖啡館（café Les Deux Magots），我們在那裡坐了幾個鐘頭，聊創意。我告訴賈伯斯，巴黎激發我的最佳創意，「這裡很適合思考好點子」，他認同我的感覺。

接下來，我們繼續在這城市閒逛，我繼續向他指出我特別喜歡造訪的地方，**但賈伯斯最感興趣的兩個東西是：他感覺到的創意，以及巴黎的建築。**

「看到這麼多有創意的東西，真棒，」他說，「這麼多人做他們自己喜歡的事，靠此維生。」他細說早年巴黎作家和藝術家聚集的沙龍。然後，又加了一句：「電腦將讓更多人做有創意的事。」

約莫此時，賈伯斯已經開始把電腦視為等同於我們心智的自行車，「人類不在最迅速敏捷動物之列，除非你給他們一輛自行車，他們就能在速度上贏過那些最迅敏的動物。」他說。

巴黎的建築令他著迷，他開始談論**劃一性**在設計中的重要性，這座城市的許多建物全都是七層樓或八層樓高，全都使用相似的黃石建材，散發出一種優雅與一致性，令人感到和諧。

我很難想到巴黎有任何的單純性，但賈伯斯看到了當中的一致性。**他覺得，巴黎之美有一部分是：當你乘降落傘降落在這座城市的任何地方時，你很清楚，這裡就是巴黎**。「能讓你做到這點的城市不多，這裡的建築為整個城市創造出一個獨特的識別標誌。」他說。

巴黎的這種簡約、單純，是他想要蘋果仿效的東西。

閒逛閒聊了一整天後，我們再度在一家咖啡館坐下來，我點了一杯卡布奇諾，賈伯斯點了一杯茶，他非常喜歡喝茶。我問賈伯斯，他自己認為蘋果經營得如何，他坦承自己很擔心這家公司的創新不足，他不滿意蘋果目前的產品，並且思忖下一波的電腦會是什麼模樣，會出現怎樣的新穎創新。

「究竟要如何辨察下一個大熱門呢？」他問我。

「你必須留意所有現象和變化，敞開心智去擁抱並適應它們。以你的事業來說，你應該去了解，人們喜歡大型主機的哪些最新發展，而願意掏錢購買，然後，你應該設法把這些東西搞得便宜，易於取得。」

「噢，我現在就是在做這個，」他答道，並告訴我那是什麼，又說最新款的Apple II「要使人們容易獲得電腦運算能力」。我贊同，就很多層面而言，Apple II比十年前的ＩＢＭ大型主機更實用。

我們兩人聊了其他很多跟電腦有關的東西，從處理速度到十六位元系統不一而足。最重要的是，我們嘗試預測未來，賈伯斯滿腦子想的都是蘋果產品的進化，他想知道：「**我們要如何在這場賽局中保持領先？**」

「你得想像自己置身於未來，思考：『我想要我的電腦做什麼？』」我說，「有哪些是電腦現在做不到，而我希望它能做到的事。」

他點點頭，「我們正在嘗試這樣做，不過，不容易，很難找到從這種角度去思考的人。」

他也堅信，他的競爭者不斷在拷貝蘋果，「電腦界到處都有寄生蟲，隨時準備盜用我們推出的東西。」他憤憤不平地說。

我告訴他，被人仿效是一種恭維，他了解，但旋即嘆口氣，「大家都把想出新創意的期望寄託在我身上，這樣是無法打造一家優異公司的，」他繼續解釋說，他必須設法在公司內產生更多創意。我們兩人都認知到，**創新是前景之鑰**，**創新必須來自蘋果公司全體員工，而非只仰賴高層**。

我當時的了解是，**賈伯斯認為他必須尋找下一個賈伯斯**。

那天接下來的時間，我們的話題都跟創意有關，我向他提出了很多建議，他把其中很多建議寫下來。我常想，我也應該把它們寫下來，並且發表。

三十多年後的今天，我這麼做了。

乓 vs. 規則

賈伯斯和我探討的主題之一是關於「規則」這個觀念，我們兩人都認為，墨守規則無法產生旺盛的創意。因此，**本書內容裡沒有規則，有的是「乓」**（pong）。使用「乓」這個詞，讓我有機會重提它的源起，也就是我和我的朋友阿爾．艾爾康（Al Alcorn）在一九七二年發表的電玩遊戲《乓》（*Pong*）。

我所謂的「乓」，指的是建議，在本書中，我指的是**有助於增進創意的建議**。建議只適用於有助益或有需要之處，不同於自認為適用於每種情況的「規則」。

這或許是多數規則無法奏效的原因，因為情況互異。因此，彈性變通是必要的。如果你嘗試把相同的規則應用於所有人和所有情況，你會發現自己開墾了一片貧瘠、同質之地，創意將枯萎、凋亡，一**再地應用缺乏彈性的規則，將扼殺想像力**。

舉例而言，我擔任雅達利執行長時（當時我還年輕，因此嘗試建立規則），我們規定員工不准把他們的狗帶進辦公室，我們的辦公室已經夠亂了，不想再讓狗進來添亂子。可是，我們後來很想聘用一位非常出色的工程師，他愛他的狗愛到堅持一定要讓他能夠把愛犬帶來公司，否則他就另謀高就。為了把這位傑出的創意人才引進公司，我們只好破例。

可是，破例並未解決問題，其他同仁看到這傢伙可以把他的狗帶來公司，也要求允許他們帶自己的狗來。我們只得另謀對策來防止我們的辦公室變成狗窩，於是我們做出了一項睿智決定：不准許其他同仁天天帶他們的狗來公司，但特殊日子可以。他們接受了這個「乓」，問題於焉解決。

事實上，後來，我們實在是太喜歡那位工程師的狗，以至於我們決定「錄用」牠，發給牠一張員工證及員工編號。接著，我們又宣布，如果還有其他特別的狗也可以來「應徵」，合格就錄用。就這樣，又一條規定被打破。總有一天，我要寫一本書談談如何雇用有創意的狗！

真理是：沒有任何規則能一體適用於所有人，這是唯一例外的規則！

所以，本書提出五十一個乓（建議），幫助你和你的公司創造一個能夠讓創意興盛的環境。

打造一條流經全公司的創意鏈

為何需要創意？誠如賈伯斯和我那天在巴黎的談話，**沒有創意，你的公司將無法成功**。這個觀念是老生常談，不足為奇；但令人詫異的是，實際關心這點的公司竟然少之又少。創意是公司的第一個驅動輪，創意是一切的起始，是活力與前進動能的源頭。若沒有創意這第一個電荷，什麼事都不會發生。誠如管理學大師彼得・杜拉克（Peter F. Drucker）所言：「保持競爭優勢的唯一來源是：比你的競爭者具備更快速的學習能力。」

整個公司必須要有創意，或至少對創意具有領悟力。（對創意有領悟力，其實就是具有創意的一種形式；一些人的創意能力就是具有先見之明，能覺察其他人的想像力。）

當然啦，有些企業比其他企業更了解創意的必要性，例如好萊塢、遊戲產業、出版業等等，全都必須在市場上以創意取勝。雅達利推出的《乒》是一款很出色的電玩遊戲，但你玩了一萬次後，就會想玩別種遊戲了。《星際大戰》（*Star Wars*）是很棒的電影，但看過之後（也許看了一萬遍），你也想看看別種類型的影片。在娛樂界，創意人才並非只是重要，而是必要。

不過，幾乎各行各業的公司都仰賴創意，它們只是不知道這點罷了。原因在於每家公司都面臨著競爭，你的所有競爭者全都試圖改善產品、服務與概念，它們試圖創造新市場，試圖改進流程以降低成本，和提升企業效率，這就是企業在做的事。它們不想某天醒來，發現自己被打敗，被超越，生意被搶走，無法生存下去。

因此，所有公司都必須不斷地設法去挑戰極限、突破極限，因為要有效率地把一個新流程或計畫推入市場，可能需要一段時間，很少公司能立即就推陳出新。企業必須隨時都能展現快速行動的能力，唯有旺盛的創意和創造力，才能具備這樣的能力。

公司所有層級從上到下都必須張臂擁抱創意，不能只有一個人或少數人具有創造力或創意，它必須遍植整個公司，否則它不會在任何地方成長繁盛。

舉例而言，辨察出問題的人是創意鏈的一部分；想出解決方案的人也是創意鏈的一部分；執行解決方案的人同樣是創意鏈的一部分；透過行銷或生產，把這個解決方案變成主流的人，一樣也是創意鏈的一部分。所有這些如同DNA般的環節都必須存在，創意才能開花結果。每一位涉入其中的人用自己的方式展現自己的創意。每一個人都必須做好自己的工作，否則將成不了事，構想就會流產。

我記得有個五月的星期天早上，風和日麗，賈伯斯造訪我位於加州伍賽鎮的家，他拿他帶來的奇怪印度茶包泡了一些茶，我照常喝我的瑪奇朵濃縮咖啡。然後，我們散步至我屋後的紅杉林，在我們鍾愛有加的石頭上坐下，他說，人們把蘋果的創意過度歸功於他。我告訴他，這種感覺很自然，在我掌管雅達利期間，這種情形也發生在我身上，人們把《乓》遊戲的發明歸功於我，其實，艾爾康設計了許多創新，才使它變成這麼棒的遊戲。

我真正做的事情是看到了《乓》的絕佳市場潛力，然後執行我研擬的計畫。我告訴賈伯斯，同樣地，蘋果的開創性可能得歸功於蘋果的共同創辦人史帝夫・沃茲尼克（Steve Wozniak）創新的電腦設計，但看出其十足潛力的卻是賈伯斯。「是你們兩人共同讓蘋果電腦問市，爭辯創意功勞該歸誰，毫無意義。」我說。

沒錯，欲使創意開花結果，它必須流經整個公司，但是在每個組織，總是有一大票人害怕創意，為什麼？因為他們害怕未來，他們不想改變。他們心想，公司營運一切良好、穩定，可以了解，可以預測，現在卻有人要改變一切。

這些害怕未來的人就像十九世紀的盧德份子（Luddites），那些搗毀自動化紡織機的紡織工人。今天，盧德份子是「目光短淺者」的同義詞，那些步其後塵、試圖阻止未來發生的人，看起來就如同盧德份子般糊塗愚昧。

你可以在大多數公司裡，發現一群緊張兮兮、試圖抑制創意的人，也可以發現創意鏈上一群前瞻思考、嘗試推動創意的人，這對立的兩派分別代表現狀維護者和變革煽動者。公司固然應該傾聽前者重視穩定之聲，也必須讓後者的前瞻之音得以盛行，因為沒有創意，你的事業無法成功，沒有變革與創新，你的事業同樣無法成功。

企業曾經歷一段漸進演變時期，也就是公司檢視它們多年來在商場上的地位，然後慢慢地改變，但如今，這種漸進演變的方式不再合宜。現在，公司必須每隔幾年就徹底變革，方能適應環境變化，繼續迎合市場需求。

這是因為科技和網際網路已經永久改變了商業環境，變化速度年年加快。想想過去數十年的變化：曾經，一封信得經過三天才送達對方的信箱，如今，三秒鐘就進了對方的收件匣；曾經需要電報機發送的越洋訂單，如今在智慧型手機上按個鍵就完成了；曾經得花幾星期籌備和長途出差的面對面會議，如今透過

Skype，立刻就能舉行。曾經，你想對一個構想進行市場測試時，你得花三星期或更長的時間來收集和分析資料；如今，你只需放到網際網路上，一個下午就能測試出來。

隨著點子出現得更快，知識散播得更快，競爭者的反應加快，不論你或你的公司都必須改變，而且要持續不斷地改變。你可能賣香皂賣得很開心，消費者總是需要一些香皂，但他們想要的香皂會改變，香皂盒、香皂的氣味，以及香皂在消費者的生活中扮演的角色，全都會改變。

隨著世界的改變，你必須改變你的產品以迎合新型態的社會，不論你喜不喜歡，這個新社會即將到來。在新世界裡生存的關鍵就是創意。

PONG：改造變身

許多成功的公司因為未能隨著時代的改變而改造自身，最終無法生存下去；但也有不少公司多次改造變身，結果更加興旺，例如珠寶公司**蒂芬妮**（Tiffany）以文具店起家，手機製造商**諾基亞**（Nokia）曾經是造紙廠，**波克夏**（Berkshire Hathaway）投資控股公司一開始是家紡織製造公司。位於辛辛那提市的**酷多**產品公司（Kutol Products）製造肥皂，也製造壁紙清潔劑，後來，清潔劑的生意開始走下坡，該公司把產品轉變成可愛的小玩具「培樂多」（Play-Doh）黏土，已經賣出超過二十億罐的這項產品拯救了這家瀕臨破產的公司。還有明尼蘇達州的**3M**公司，以銷售礦砂起家，原名「明尼蘇達採礦與製造公司」（Minnesota Mining and Manufacturing Company），後來成功改造變身，已經設計推出五萬五千種不同的產品，基本上，該公司每隔十年左右就自我改造一次：該公司的年營收中約有三分之一來自問市不到五年的產品。

覓才、用才
下一個賈伯斯

第一部

HOW TO FIND, HIRE, KEEP, AND NURTURE CREATIVE TALENT
FINDING THE NEXT STEVE JOBS

乓01

▼讓工作環境變成公司的活廣告

不是雅達利（Atari）找到賈伯斯，是我們使賈伯斯容易找到我們。一家好公司本身就是每週七天、天天二十四小時的活廣告。

一九七〇年代中期，雅達利跟一般的大型公司不同，我們與眾不同的環境讓創意人才得以發揮與成長，這些人便成了公司的活招牌，他們經常談論雅達利，談雅達利的業務、產品，**但大部分談的是在這家公司做事多有趣**。

舉例而言，多數企業的大廳肅穆無聊，**我們的大廳基本上就是電玩遊樂場**，因為我們的產品是電玩遊戲，何不讓人人都能玩呢？他們果然都去玩，並且愛上那些遊戲，又告知他們的朋友，創造了口碑。

其實，我們公司的整個大廳很另類，布置了紅木和蕨類，踏入其中就像進入了一座奇特的叢林，而非一家公司。這也有助於創造我們的形象：**一個讓想像力奔馳的地方**。

（我不記得那亞馬遜叢林似的大廳布置是誰出的點子，但這可不是我的記性不好，**在雅達利，管理階層授權員工採取有趣行動，毋須取得准許**，因此，我雖確定有某個才華洋溢的員工創作了這個大廳環境，但我恐怕永遠也不知道那個人是誰。）

雅達利做的每件事都反映出一個有趣、動人的工作環境，不過，其中最明顯的是我們在公司後面貨物裝卸區舉辦的**週五啤酒狂歡會**。這些狂歡會裡備有幾桶啤酒、一些披薩，還有音樂助興，這些花不了多少錢，有時，我們得付五十美元請一個樂團來現場表演。狂歡會是為了獎勵達到銷售目標（這是常見之事），並讓從最高階主管到生產線新進人員都參加的全體員工聚會，這對所有人甚具意義。我們在狂歡會中交流，喝啤酒，共度歡樂時光。

這些聚會變成了我們公司文化的同義詞，不久，我們也開始邀請我們考慮錄用的人才參加，這讓我們有機會在輕鬆的環境下觀察此人，更重要的是，也讓對方有機會感受這家公司多麼有趣。

今天，若你想對一家公司有更多了解，你多半會去造訪該**公司網站**，通常，網站會把你引導至一個網頁，邀請你更加了解該公司與其就業機會。你會看到你此生見過最枯燥乏味的網頁，看一眼，你會認為在這家公司工作，應該也一樣枯燥乏味。

此刻，我可以想到幾家其實不是這麼糟的公司，但它們的網站設計實在是太乏味了，以至於不可能有人受到吸引而上門應徵工作。若你想要的是平庸的員工，你可以把你的公司當成平庸的工作環境來推銷；若你想要的是有創意的員工，你就應該展現你的創意。可是，很少公司願意這麼做，多數公司不想冒險，從它們的網站就可以看出它們的這種遲鈍呆板。

你的公司的形象要不就是一個招募人才的活廣告，要不就是具有負面的公關效果。想想一家**公司的名稱**，當年，賈伯斯和沃茲尼克思考他們的公司名稱時，賈伯斯在奧勒岡州的一個社區農場兼差打工，吃果素，他認為「Apple」聽起來既和平，又對使用者友善，反映了他們對於電腦的理念。可是，當他們宣布選擇這個公司名稱時，卻備受爭議，廣遭嘲笑，一般認為，公司的名稱應該莊重如「Hewlett Packard」（惠普科技）或「International Business Machines」（國際商業機

布許聶爾覓才、用才TIPS

不是雅達利找到賈伯斯，是我們使賈伯斯容易找到我們。

器公司，IBM），「Apple」？真俗！但後來，「Apple」這個名字對於創造及維持這家公司的「創意」形象，大有幫助。

在整個蘋果公司史上，「Apple」這名稱內含的趣味性深植於全公司上下，蘋果的形象也被小心地培育成「**一家製造新潮產品的新潮公司**」，這個形象很快地變成自我實現的預言。

「把公司當成活廣告」，這概念若做對了，有助於維持一個創意生態系統，吸引有創意的員工和喜歡創意的顧客。

另一種向外界展現你的公司富創意且有趣的方法是：**使用奇怪的職務頭銜**。執行副總、協理……，誰還需要這些頭銜構成的另一個世界啊？位於加州的鞋業公司TOMS以「每賣出一雙鞋就捐贈一雙鞋給需要鞋的貧童」此事業模式聞名，在該公司裡，沒有傳統的職務頭銜，公司創辦人布雷克．麥考斯基（Blake Mycoskie）的頭銜是贈鞋長（Chief Shoe Giver），其他頭銜包括Shoe Glue、Straight Shoeter、Shoe Dude、Shoe-per-Woman（譯註：這些頭銜並非針對特定職務功能，多是取諧音之趣，例如Straight Shoeter發音近似strategist，是麥考斯基的助理；Shoe-per-Woman發音近似superwoman）。

另一家以自身為活廣告的公司，恰巧也賣鞋子，它是線上零售商Zappos。在該公司總部，靠近人力資源部門的地方張貼了一張**頂著雞冠龐克髮型**（mullet haircut）**的男士相片，旁邊標題是：「前方做生意，後方開party。」**造訪該公司網站，把螢幕捲至下方，點選「工作機會」（Jobs）欄，進入Zappos家庭部落格網頁，你會看到「Zappos家庭音樂影片」（Zappos Family Music Video），張貼了許多古怪有趣的影片，有員工搖呼拉圈、做後空翻、裝扮成熱狗和番茄醬瓶、玩玩具槍大戰、卡拉OK比賽、吃奧利奧比賽等等，這類活動是該公司文化的經常性元素。**Zappos**被評選為全美最有趣的工作環境之一，這吸引了大批人上門應徵工作，結果，平均每一百名應徵者，只有一人能獲得錄用。

人生中很重要的一個層面是創造一個合適的生態系統，人人都有一個生態系統，我有，你也有，你的價值觀是什麼？你的熱情是什麼？你的怪癖是什麼？最重要的是，怎樣的氣氛與環境令你感到自在適性而可以發揮？所有這些特質將定

布許聶爾 覓才、用才 TIPS

若你想要的是平庸的員工，你可以把你的公司當成平庸的工作環境來推銷；若你想要的是有創意的員工，你就應該展現你的創意。

義你個人的生態系統。同理，公司也有其生態系統，這生態系統反映了執行長、高階主管，以及最早雇用的前十幾名員工所做出的選擇，你的公司的生態系統也變成公司本身的活廣告。

一家公司的頭十幾個元老級員工形成種仁，公司以這些種仁為核心，塑造出它的企業文化。十幾個人就足以形成公司運轉的動能，過了這人數，日後再進入公司的員工大概都會順從前人已經建立的文化。不過，我的幾家公司都出現了一、兩個異端離心份子，我發現，若不及早處理他們、改變他們，或除去他們，他們很可能會形成一個毒莢，進而成長為公司內有害的樹枝。

我曾經試圖改變整個公司的DNA，那是在一九九二年，我買下南加州一家公司，這家公司生產有趣的產品，但公司文化很糟糕，公司已經連續第五年衰退，多數創新人才都已經離去。買下這家公司後，我應該解雇九〇%的員工，我卻沒有這麼做，我以為我能扭轉該公司。但我錯了，那些員工似乎不願改變，每當有一個人提議向前邁進一步時，就有五個人抗拒這項改變，整個公司的生態系統感染了毒害。這是我最失敗的例子之一。

PONG：祕密

人們喜歡祕密，創意人尤其喜歡祕密；祕密有趣，引人想像，為公司文化增添興奮感。蘋果向來喜歡增進這種祕密文化，身為蘋果員工，你可能知道其他員工極想知道的某件事或某個東西，又或者，你其實可能一無所知，你根本沒有什麼祕密，但沒關係，其他人以為你知道什麼祕密，而且在蘋果，祕密是不得告訴他人的，因此你到底是不是某個祕密的知悉者，你不說，也沒人知道，大家就這樣神祕兮兮地，很有趣。

其他幾家公司也這麼做，例如電玩遊戲業者動視暴雪公司（Activision Blizzard）和藝電公司（Electronic Arts），它們向來極力隱藏它們的下一波革命性遊戲產品的新特色，它們的員工很喜歡這種「我們什麼都不能說」的神祕感。在中學時代，你被獲准知道某個祕密時，會感到很興奮刺激；及至成年了，這種祕密知悉者的興奮刺激感依舊不變。

兵02

▼採納彈性建議

管理創意人才，猶如放牧貓群，你可以一試再試，最終仍將失敗。所以，別在你的公司建立令人喪氣的規定，應該創造一個以採納彈性、新穎建議聞名的組織，這麼一來，創意人才就會爬出他們的舒適巢穴，找個地方落腳。你永遠無法真正控管他們，但是如果你能提供一個良好的工作環境和有彈性的指引方針，就能誘發出他們的優異表現，令你、他們、公司和股東皆大歡喜。

要不然，就建立一個過於僵化和標準化的組織，以至於只有那些已經僵化、標準化的人，才會喜歡的組織。

舉個例子，賈伯斯初任職雅達利時，想要有時能在辦公室過夜。我們公司日夜都有警衛，也有警報器，如果半夜三點有人睡在辦公桌下或走動，警報器會響個不停。因此，公司規定：不能在辦公室過夜。

但賈伯斯堅持要睡辦公室，不然就不做了，他的朋友沃茲尼克也提出相同要求，可是，我們的保安主管也很堅持不能壞了這項規定。但最終，我們決定容許他們在辦公室過夜，停了警報器，只留下警衛，因為我們想為這兩位史帝夫創造自在的工作環境。

不久，這兩位史帝夫帶來摺疊式床墊，放在他們的辦公桌下，好讓他們能工作到半夜三點，在辦公室裡睡五、六個小時。當時，公司裡沒有可供洗澡的地方，他們不介意，反正他們也不喜歡洗澡。

不能過夜的規定一撤，我們發現，幾名長途通勤的員工也跟進。於是，我們乾脆多走一哩路，在洗手間裡增設了一個淋浴間，有些員工愛洗澡，我們也喜歡他們的這個好習慣。

要留多晚，就留多晚，我們的工程師愛極了這個新自由。有一次，在一場很趕的商貿展之前，我們有二十多名員工在辦公室過夜，生產力高得不得了。

我愈來愈覺察到規則保留彈性的必要性與好處，這理念在我的另一家公司受到了極致考驗。那家公司的暖氣爐後方有個空房間，公司的兩名工程師決定佔用這房間長住下來，他們把不少家當搬進來，還買了一個電磁爐，兩位老兄就此省下一大筆租屋及通勤開銷。我決定由他們去。從某些方面來看，這就是如今很多新創企業所採用的「生活／工作並存一室」（live/work loft）模式的濫觴。現在，矽谷有幾家公司還設有臥鋪房間，讓員工要在辦公室待多久就待多久。

（常有人說，高科技業人員未能在他們的私人生活和工作之間取得平衡，我們不妨換個角度來看：正是因為他們的工作太有趣了，以至於很難區分什麼是工作，什麼是玩樂。創意性質的工作與計畫就是能產生這種興奮與刺激。）

這裡要說的重點是：你若想使你的公司更富有創造力，就應該放寬嚴格死板的規定，提供創意空間，讓員工得以發揮和成長。你若能創造一個以這種自由度聞名的公司，創意人才就會上門。

採納彈性建議，這才是王道；規定多半是讓人們走不了多遠的束縛。不過，

布許聶爾覓才、用才TIPS

管理創意人才，猶如放牧貓群，你可以一試再試，最終仍將失敗。

也有必須堅持的規定，舉例而言，雅達利的組裝部門有名員工想帶著他的槍來上班，坦白說，我們真的考慮了一下，並未立即不准，但這名員工的經理指出，管一個褲帶裡有槍的員工，比管一個褲帶裡沒槍的員工要困難多了，因此，我們最終仍然堅持不能帶槍來公司的規定。所以說，就連「不要訂定任何規定」這個準則，也是不合適、不應該遵循的準則！

兵03

▼製作獨特、有創意的徵才廣告

在過去，職缺徵人很簡單：公司在報上刊登廣告，期待優秀人才上門。不論這類徵才廣告裡頭寫了什麼，基本上，絕大多數廣告所透露出的訊息是：「徵聘中階經理，工作乏味，待遇低，別費心了。」

雅達利決定有所不同，我們使用的徵才廣告標語是：「玩遊戲，兼賺錢」（Play games, make money），效果非常好，一如我們陸續使用的標語：「玩賺錢的遊戲；把部分賺到的錢留在你的荷包」、「天天工作就是玩樂，玩樂就是工作」、「更賣力地工作兼玩樂」。

我們還有一個「公休假」方案：員工每七年就可以獲得整個夏天的給薪假期。我覺得，人人都需要一段完全放鬆後重新出發的休假，因此我們在徵才廣告上說：「每隔七年，給全薪，休假玩樂一整夏」，效果同樣很棒。

徵才廣告其實就是為你的公司打廣告，你不能刊登只陳述事實的徵才廣告，必須創造獨特的外貌、感覺和標語。所以，我們把恰奇披薩遊樂場親子連鎖餐廳的徵才廣告弄得很有趣，使用了以下標語：「為鼠工作，乾酪賺飽飽」（Work for a rat, earn lots of cheese；譯註：這裡有雙關語之效，Chuck E. Cheese's的品牌商標是一隻人形鼠，而 rat cheese是美國切達乾酪〔cheddar〕的俚語名稱）、「揉麵糰，造樂趣，樂趣之中賺麵糰」、「打造會說話的老鼠」。

事實是：有趣的人多半比無趣的人更富創意。

現在，除了報紙，還有很多媒介可供刊登徵才廣告，舉凡分類廣告網站Craigslist、谷歌（Google）、人力仲介網站怪物網（Monster.com），都是可以使用的平台。不過，現在的徵才環境太擁擠，若不採取整合性的有創意行動，你的徵才廣告很難突圍。不幸的是，多數公司在這方面仍然不是很有創意。

我正計畫為我的下一個事業招募人才，屆時，我們將製作一支奇特的

YouTube廣告。任何想尋找創意人才的公司都應該考慮製作一系列奇特、有趣、有可能創造病毒式傳播的影片，這些影片的品質可能很差，甚至非常業餘水準，但勢將引起注意，讓人們知道你的公司有幽默感（還有一些很差的演員）。

此外，我也要把這個事業的網站和徵才網頁搞得生動、有趣、誘人，也許，我們會秀出最近招募到的「員工」，是一隻拉布拉多犬。說不定，我們會把徵才活動搞成一場遊戲，嘲弄大多數公司的死腦筋徵才方式。或者，我們會讓員工自己製作有趣或搞怪的影片，讓外界知道我們公司的員工很懂得搞趣。影片品質不必多精良，有趣就行了，**如果你能使潛在員工笑出來，你就通往覓得創意人才之路了**。

不久前，電腦遊戲公司**紅五工作室**（Red 5 Studios）從其他公司挖角，他們使用的方法是：列出他們想挖角的一百名優秀人才，在iPod上錄下針對每個人的招募訊息後分別傳送給他們。這招讓該公司為三個重要職務找到優異人才，花費遠低於傳統的人才招募活動，而且引起所有人的正面關注（當然，那些人才被挖角的公司除外）。

布許聶爾 覓才、用才 TIPS

徵才廣告其實就是為公司打廣告，必須創造獨特的外貌、感覺和標語。

另一個例子是：**廣告公司BBDO**（譯註：在香港與台灣名為黃禾國際廣告公司）**德國分公司**創意性地運用大眾傳播方法，在一所大學校園裡招募廣告文案人才。年輕藝術家常在餐巾紙上草擬他們的早期作品，因此該公司便把它的徵才訊息印在餐巾紙上，在該所大學的餐廳裡發送。他們發出兩千張餐巾紙，收到約四百通應徵電話。

下面這個是我個人特別喜愛的例子：**宜家家居（IKEA）澳洲分公司**使用的徵才方法是，在他們的許多組裝產品包裝裡頭放入一份有趣的「資歷組裝說明」（career assembly instructions），他們說，總計有四千兩百八十五人應徵，兩百八十人完成「資歷組裝」（被錄用的意思啦）。

當然啦，回應這類創意廣告的創意人才可能也會使用異類方法。最近有人告訴我一則趣事：一位年輕人獲得一家公司錄用，某日，他的上司把他叫進辦公室，「你應徵工作時說你有五年工作經驗，」上司說，「但我們查了一下你的資歷背景，發現這是你的第一份工作，你對此有何解釋？」

這位年輕人回答：「噢，你們的徵才廣告說你們想要很有創意的人啊！」

兵04

▼錄用熱情積極者

若要我說出賈伯斯跟雅利達其他許多員工最大的不同點，我會說：他的積極熱情。賈伯斯做事只有一個速度：馬力全開。

錄用積極、熱情十足者，你就能以這些人為核心，建立整個部門。我曾經錄用一位完全沒有商業工作經驗的年輕女孩，她年僅十九歲，但熱情的天性展露無遺，我們決定錄用她協助處理展覽會事宜。不論多忙碌，時間多趕，她總是把每一片地毯吸得乾乾淨淨，把每一個箱子打開，把所有物品陳列妥當。她二十歲時，已經掌管一整個部門；現在，她有自己的公司。

雅達利的成功原因之一是，我們總是尋覓及錄用這樣的人才。**你可以訓練**

員工學會公司的流程、產品、商業模式，但你無法訓練他們變得有熱情，長期而言，有熱忱的員工對你的事業貢獻最大。

洛杉磯的漫學沙龍（Mindshare）每月舉辦一次電影圈、電視圈、科技業、建築業等領域專業人士的聚會交流和演講活動，不久前，我在那裡遇到一位女士，她逼問了許多關於我目前的教育事業計畫的資訊，鉅細靡遺到讓我感覺自己像是被一名政府特務審訊。我不知道自己怎麼會告訴她這麼多祕密，聽完我的話，她滔滔不絕地講出了二十個出色的行銷構想，最後要求我給她一份工作。她的積極熱情打動了我，當場就錄用了她。她是我新創的教育公司的種晶（seed crystal）之一，現在負責監督我們的網站，掌管我們的行銷部門，她也一樣，做事只有一個速度：馬力全開。

如何看出熱情呢？這有點像聯邦最高法院助理法官波特．史都華（Potter Stewart）對於「色情」的見解：難以定義，但當你看到它時，你就知道它是。**你最先在一個人的雙眼中看出他的熱情**，賈伯斯總是直視他人的雙眼，毫不閃爍，完全專注，絕不閃神。面試時，一個有熱情的人，看起來不會閃爍不定，難以捉摸，跟賈伯斯一樣，他們直視你的眼睛，他們很清楚他們必須說服你錄用他們。

在面試時，有熱情的人不會漫談自己或問你很多問題，他們會滔滔不絕地談你的公司，他們事先做過一些研究，知道要跟你討論什麼，就好像他們腦袋裡有份底稿；他們來是跟你討論你的公司和他們的想法，而不是討論他們的履歷表。

反之，**辨識缺乏熱情者的最佳方法之一是聽他們如何敘述他們的生活。缺乏熱情者往往愛抱怨**，你不妨詢問他們有關於他們之前的幾個雇主的問題，從他們的回答，你可以了解很多。

例如，詢問對方：「你為何被那家公司解雇？」若對方回答：「我的技能不適合那家公司的新事業方向，我又學得不夠快，是我本身的錯。」代表此人心態不錯；若對方回答：「我的上司跟我有嫌隙。」你就要小心了。

或者，詢問對方：「為何你的成績不太好？」若對方回答：「我參加太多派對了，早知道學校成績這麼重要，我就不會那麼做了。」代表這名應徵者懂得自省；若對方回答：「我父母不支付我的大學學費，我得打兩份工。」那麼，你就要小心了。

布許聶爾
員才、用才
TIPS

若要我說出賈伯斯跟雅利達其他許多員工最大的不同點，我會說：他的積極熱情。賈伯斯做事只有一個速度：馬力全開。

這類回答理由或許是事實，但有熱情者不會如此表現。**有熱情者談他們想要什麼和能做什麼**，他們不會責怪或埋怨他們迄今尚未做這些事的原因。

不論是在雞尾酒會上或是正式面談中跟潛在員工碰面，詢問他們熱中什麼，那些對什麼都缺乏熱情而答不上話的人，可能會令雙方覺得如坐針氈；那些有熱中之事的人則像水庫洩洪般，滔滔不絕講述的主題可能是你之前完全不知道的東西，但現在，他給了你足以將你淹沒的洪水般資訊。不過，這不是重點，對方說什麼，沒那麼重要，**重要的是他談論這些事物時的風采**。人們熱中的東西琳瑯滿目，可能是非洲食蟻獸，可能是美國路易斯安那州南部黑人的柴迪科舞曲（zydeco），甚至就算他們熱中的東西跟你公司的使命不相干，也沒關係，你可以把那份熱情跟你的目標融合，但缺乏熱情的人，你用任何法子都沒用，你無法創造的是那份熱情。

兵05

▼ 別在乎文憑

我認為，我們正從文憑至上的社會轉變為長處導向的社會。

舉例而言，大學學位其實是沒多大意義的憑證，它只告訴你此人有一定程度的毅力而得以完成學業，除此之外，沒告訴你多少別的。大學畢業本身並不代表智力高，它可能意味著此人聰敏機巧，抑或此人不過是有辦法通過考試，但在取得了一堆好成績後，就把所學的東西全忘了。

多年來，我發現，許多最優秀的創意人才並沒有大學文憑。賈伯斯是大學中輟生，沃茲尼克也是，比爾．蓋茲（Bill Gates）也是，夢工廠（Dreamworks）的共同創辦人大衛．葛芬（David Geffen）、臉書（Facebook）創辦人馬克．祖克柏

（Mark Zuckerberg）、高級女裝設計師可可．香奈兒（Coco Chanel）、卡通製片人威廉．漢納（William Hanna）等等，全都是。

我不是在建議大家別讀大學，大學的教育和社會化是美好的體驗，我是在建議雇主們**別再把大學學位視為是最重要的人員錄用資格條件**。堅持所有職務應徵者都必須具有大學學位，這是愚不可取的做法，許多創意人才難以忍受為取得學位，而必須做很多無聊、沒意義、沒價值的事。

高教策略聚焦網（Faculty Focus）刊登一份二〇〇八年的研究調查結果指出，大學生從主修科系學到的大部分知識，兩年內就忘掉了；那些獲得「A」級成績的學生忘掉所學知識的速度，比「C」級成績學生忘掉的速度還要快。

不少雇主在面試應徵者時，詢問他們有關於其背景、修習課程、老師等方面的問題，人人都能回答這類問題，尤其是那些應徵經驗豐富者。我在面試應徵者時，不問這類問題，我喜歡提問很多奇怪問題，他們絕對回答不出來，但卻可以**借助一連串邏輯假設來做出一些有趣推測**。

舉例而言，**我常問應徵者一個問題：中國每年吃掉多少磅的米**？這個問題測驗他們對於中國人口的知識，以及一般人一餐的食物量，多數聰敏的人大概可以推測出一個不是太離譜的數字。我並不知道正確答案，但我根本不在意，對我而言，更重要的是，**這個問題讓我有機會觀察應徵者解決問題的過程**。

試試這個：詢問會令應徵者思索的問題，留意對方如何思索與解答。

我也喜歡對應徵者進行另一項測驗：讓對方置身於一個可以取得解題資源的房間裡，但別把那些資源弄得很明顯。我的目的是觀察此人如何尋找解答。現在，我的做法是讓應徵者可以使用網際網路來尋找解答；在沒有網際網路的年代，我的做法是在房間裡擺放一些參考書和一具電話，我告訴應徵者他們如何找到問題的解答並不是那麼重要，重要的是能夠找到解答。那些打電話給圖書館或朋友的人，是足智多謀者；那些不知道怎麼辦而只會猜測答案的人，則缺乏智謀。

面試工程師時，我可能不是詢問問題，而是突然要求他們把一個樓梯間的上、下層電燈開關之間接上一條連通電線。這只需要簡單竅門，但若一位工程師連去了解該如何做的好奇心都沒有，我會認為此人也許受過工程師的訓練，但缺乏熱中尋求科學知識的DNA。

布許聶爾
覓才、用才
TIPS

詢問會令應徵者思索的問題，留意對方如何思索與解答。

透過這些不尋常的問題與測驗，你要試圖辨察的是應徵者是否具有好奇心，以及是否足智多謀。我認識與見過的創意人才，全都有超強烈的好奇心，有好奇心的人總是有廣泛的興趣，對許多領域和主題有相當的知識，這項特質與大學學歷無關，而是跟先天智能密切相關。

乓06

▼ 詢問嗜好

欲探察應徵者的創意熱情，最好的方法之一是詢問他們的嗜好，尤其是那些困難（或複雜）、費時，或高度挑戰智力的嗜好。

跟一九五、六〇年代的多數技客一樣，我也是業餘無線電的狂熱愛好者。業餘無線電是人人皆可玩的東西，雖先進，但容易理解，在那個一通越洋電話得花二十美元的年代（在那個年代，二十美元可是很大一筆錢），只要你能搞懂如何建立無線電，你就能不花一分錢和身在歐洲的某人通話。玩業餘無線電還有社交上的好處：你可以和全世界各地的人聊天。

我的第一份工作是在錄影機研發先驅、全球第一家開發出商品化錄影機的安培公司（Ampex），我的上司柯特・瓦利斯（Curt Wallace）對我的業餘無線電嗜好印象深刻，因而錄用我當兼職員工。

阿爾・艾爾康是另一個例子，他是我見過最富創意的工程師，他發明的東西讓我沾了很多光。艾爾康一直都在工作之餘進行別的研發計畫，發明出令他很自豪的小玩意兒，他對他的嗜好（大多與汽車有關）的熱情，也反映在他的工作上，對工作展現相同程度的熱情。

我還記得曾經有位應徵者在談到對模型火車的嗜好時，話匣子幾乎停不下來，他的熱情讓我印象深刻而錄用了他。他把自家的地下室大部分空間用來布置模型鐵路，這在加州可是相當罕見，因為當地大多數房子都沒有地下室，他說，為了能有空間布置模型鐵路，他絕對不住沒有地下室的房子。他對火車的癡迷，最終幫助我們設計出遊戲機搖桿；事實上，他能設計創造任何我們需要的小機件，因為他具有我所謂的「手指智能」（finger intelligence）。

有位應徵者來面試時，秀出他設計的遊戲，那是我當時所見過最複雜的一款遊戲設計，有錯綜複雜的繪圖和難解的遊戲規則，我覺得這遊戲本身很糟糕，但他的這個嗜好（設計複雜遊戲），以及他創造這款遊戲所歷經的過程，非同尋常，我們決定錄用他。

另一名應徵者提議為吸大麻者設計一款遊戲：基本上，這遊戲讓美麗的圖片或照片跟著音樂移動。我知道我們的許多員工吸大麻，所以我心想，這也許是個有趣的遊戲，我錄用了他。最終，我們真的推出這款遊戲，銷路奇慘，但至少我們跟得上時代（嘿，那可是一九七〇年代初期的北加州耶）。

嗜好不僅顯現一個人的熱情與創造力，當你有一項嗜好時，你會不斷地擴增自己的知識。例如，那位喜愛模型火車的員工研究不同時代的火車設計，以幫助他決定複製哪種火車，最後，他對燃燒煤炭以產生蒸氣成為火車動力的流程產生了興趣。有關氣體膨脹的細節，看似不是什麼實用的知識，但對此感興趣的這位員工後來了解到如何使用氣體力學來創造披薩店的卡通人物，他從研究蒸氣中學會了這些原理。

事實上，我當初在錄用恰奇連鎖餐廳的許多工程師時，根本沒料到有一天會打造唱歌跳舞的卡通人物，可一旦決定了要這樣做時，這些有著各式各樣興趣與嗜好的員工用他們的知識、創造力和熱情，成功地實現了這個構想。

布許爾覓才、用才TIPS

欲探察應徵者的創意熱情，最好的方法之一是詢問他們的嗜好。

企業界有無數因為嗜好而一展長才或發跡的人物，有人靠著他們的嗜好提升了工作生產力，例如前星巴克（Starbucks）數位事業部執行副總、百思買（Best Buy）數位事業部總裁史帝芬・吉列（Stephen Gillett，譯註：已於二〇一二年十二月跳槽Symantec擔任執行副總暨營運長），曾經公開表示他很著迷於線上角色扮演遊戲《魔獸世界》（*World of Warcraft*），他說這項嗜好對於他的現實工作大有幫助。梅根・達基（Megan Duckett）原任職一家活動籌劃公司，閒暇時愛做裁縫，後來，她為雇主的萬聖節派對道具棺材縫製內襯，這讓她發現了一個賺錢，甚至創業的機會。她在一九九六年辭去全職工作，此時，她的副業收入已超過正職薪水；到了二〇一一年，她的事業營收達六百二十萬美元（譯註：這家公司是為舞台、劇院、音樂會、時裝秀，及特殊活動設計與製作布幕、帳幔的Sew What? Inc.）。

創意人才的共通點是他們熱中汲取各種領域的知識，這種熱情是一股驅動力，有熱中的嗜好是這種熱情的表徵。在《創意從何而來》（*Where Good Ideas From:*

The Natural History of Innovation）一書中，作者史帝文・強森（Steven Johnson）寫道：「富蘭克林……、達爾文之類聞名於世的創新者，全都具有一些共通的智性特質，例如思考敏銳、無窮的好奇心等等，但他們也有另一個重要的共同特徵，那就是他們都有大量的嗜好。」

布許聶爾覓才、用才TIPS

企業界有無數因為嗜好而一展長才或發跡的人物。

兵07

▼讓員工幫你尋找創意人才

尋找創意人才的最佳途徑之一，是把覓才工作委任給員工。很多老闆、高階主管，或人力資源部門主管緊抓人才招募權不放，把它變成他們個人的權力，他們不喜歡與他人分享這項權力。

別緊抓此權力，除非是必須保密的覓才作業，如果你想尋找創意人才，請他人協助你。你的現有員工就是可能性的寶藏，使用他們的人脈，讓他們幫你尋找、接觸他們以往共事過的創意人才，畢竟，共事是了解他人能力的最佳途徑。

人人都有他們希望再度共事者，也有他們永遠不想再與其共事者，想辦法取得那些名單。

這種形式的人才招募已經變成加州矽谷DNA的一部分。在雅達利時，我自己就訴諸此道，無情地從我的老東家安培公司大量挖角。安培是全球第一個研發製造出錄影機的廠商，我在那裡學會錄像工程技術，我的三名最佳員工——艾爾康、史帝夫．布里斯托（Steve Bristow）和史帝夫．梅爾（Steve Mayer），以及另外二十幾名員工，全都挖角自安培。我甚至把安培的駐廠護士也挖角過來，因為大家都說她很傑出，那時，我們離需要駐廠護士還早得很，但是我當下立即行動，我就是想要如此傑出的人才為我們工作。

蘋果一創立，沃茲尼克就從他的老東家惠普挖角，賈伯斯也毫不留情地從雅達利挖角，跟我當年從安培挖角的行徑如出一轍，拐走了我的一些優秀人才。他們沒能從我這裡挖走的一位傑出機械工程師是隆納德．韋恩（Ronald Wayne），他受邀成為蘋果的合夥人，但他拒絕了。在此之前，隆納德已經有過一次創業失敗經歷，而且負債在身，他不想再涉險了。設若他當時加入共同創辦蘋果的行列，並且一直待在蘋果至今，那麼他今天持有的股份價值將高達兩百億美元左右。（譯註：實際上，韋恩一開始加入了共同創立蘋果的行列，但不到兩週就退出，並且賣掉持有的股份，賈伯斯後來曾試圖再找他回蘋果，但被他婉拒。）

布許聶爾
覓才、用才
TIPS

使用員工的人脈，讓他們幫你尋找、接觸他們以往共事過的創意人才，畢竟，共事是了解他人能力的最佳途徑。

乓08

▼避免招募同類創意人才

絕大多數的人力資源部門對外宣稱，它們想要招募多樣化員工：有色人種、女性、同性戀者等等，這當然是好事，但他們忽視了另一類重要的多樣化：創意人才的多樣化。人力資源部門往往一再招募同類創意人才：雖然他們種族、性別、性傾向，或宗教信仰不同，但出身相同的學校、信奉相同的思想，連穿著風格也相同。

多數公司傾向尋求同質性，但**同質性不利於激發創意**，別創造出一個高同質性、人人都可互替的公司，**應該創造出像釘球（spiky ball）般的公司**。釘球有很多的獨一性（一根根的突釘），在釘球般的公司，這些獨一性指的是各有特色的人才。

但是，公司文化總是試圖磨掉那些突起的釘子，多數公司想要一個平滑圓潤的球，為創造出一顆平滑圓潤的球，它們甩掉那些非傳統思維者，殊不知那些人是促使公司成功的要素。

問問你公司的人力資源部門人員，公司裡的工程師當中有多少人是中輟生？有多少充滿熱忱的行銷人員手臂上有大片刺青？有多少廣告文案總是穿著奇裝異服？要是他們告訴你：「一個都沒有」，我不會感到驚訝。**如果你是公司老闆，告訴你的人力資源部門：這個月招募新人時，不要全都錄用衣著端莊的大學畢業生，而是要錄用一定人數的高中中輟生**。在沒有文憑標準為據之下，他們只得想出其他有趣的方法來發掘出色的中輟生應徵者，這可不容易，但卻能讓公司受益匪淺。

為招募創意人才，你必須擁抱風險，而不是減輕風險。若你正在創立一家公司，你的首要任務也許是**尋覓能夠幫公司招募其他創意人才的創意人才**。

PONG：別藐視奇裝異服者

在今天的就業市場上，兼容並蓄被高度輕忽。別讓你的公司藐視那些奇裝異服、把頭髮染成粉紅色，或穿戴奇特首飾的應徵者。在時裝界，輕度瘋狂可是有益之事呢！每家公司都需要心智多樣性，如前所述，這類人往往富有創意。

想想看，如果你的公司想把產品或服務賣給那些把頭髮染成粉紅色，或身上有奇特刺青的顧客，卻又絕對不錄用這樣的員工，你的公司怎麼會了解這類顧客，以及懂得如何吸引他們。

我錄用的一些最佳人才，在許多人眼中可能是怪胎，例如，為《乒》遊戲設計晶片的哈洛德．李（Harold Lee）個頭魁梧，騎一輛裝飾得很花稍的哈雷機車，留著漸灰的大鬍子和一頭散亂長髮，我想，他大概從未洗過那頭髮。哈洛德是個非常傑出的晶片設計師，我認為，如果他向IBM應徵工作的話，一定不會被錄用。

布許聶爾覓才、用才TIPS

絕大多數的人力資源部門忽視了另一類重要的多樣化：創意人才的多樣化。

兵09

▼錄用自負而難相處者

企業界的一個老生常談是：容易相處的員工是好員工。這或許是事實，但自負而不好相處的員工，可能是更優秀的人才。

狂妄自負者令人不快，但有些人的自負有其理由，因為他們是整個公司或團隊裡頭最聰敏的人，因此很清楚他們對公司的價值。如果他們告訴你這點，是不是很惹人厭？是的。但是當你有問題，需要能解決問題的腦袋時，你需要的是他們。

公司裡有自負者，聽起來似乎有害士氣，其實未必，甚至可以為辦公室增添一些趣味。例如，你變得很習慣於說：「把這問題交給喬治。」並且心照不宣地轉動眼珠子，喬治惹人厭的自負個性變成大家的笑話，但喬治並不在乎別人不喜歡他，他這輩子一直都知道這點。事實上，我認識的一些自負喬治把他們的不受歡迎視為一個光榮徽章呢！

不過，一個公司裡也不能有太多的自負喬治，若房間裡的每一個人都是最聰敏者，「最聰敏」這字眼就沒任何意義了。**所幸，聰敏且自負的真正英才並不多，你一定要錄用這種人**。

錄用了這種人，你可以向其他員工發出警告：「喬治下週一開始上班，你們當中不會有人喜歡他啦，我也不指望你們喜歡他，但他非常有才華，能幫助我們變成一家更好的公司，你們就別費心邀他共進午餐了。」

反正，喬治大概也不想跟任何一位同仁共進午餐，也不想在上班第一天下班後，和同事去喝一杯。你跟他聊你的興趣，他甚至可能翻白眼，因為他覺得他的興趣比你的興趣更有趣。

擁抱這世上的自負喬治吧，若他們知道你的公司為他們提供庇護所，他們將投效你的公司。賈伯斯了解，不論他有多自負，雅達利都會容忍、擁抱他，是能夠讓他有所發揮的地方。也許人人都有創意潛能，但只有那些自負者有足夠的自信向他人推銷、施壓他們的創意點子，賈伯斯總是相信自己是對的，並且願意更大力、花更長的時間推銷、促成他的構想，其他人可能也有相同水準的好點子，但在壓力下屈服、放棄了。

布許聶爾覓才、用才TIPS

賈伯斯了解，不論他有多自負，雅達利都會容忍、擁抱他，是能夠讓他有所發揮的地方。

兵10 ▼ 錄用瘋狂者

創意與瘋狂，這兩者之間往往只有細微的一線之隔。我不是指醫學上所稱的瘋狂（這種瘋狂沒什麼好處），我指的是你的創意辦公室裡應該存在的那種有益的瘋狂：那些總是提出古怪點子，或者聽起來瘋狂的概念，抑或異乎尋常論點的員工所散發出的瘋狂。

多數公司存在一個問題：它們的創意人才提出的點子愈瘋狂，就愈不可能獲得支持與推銷。但是，震撼世界的一些最佳創意在宣布之初，往往引起人們驚呼：「這真是太瘋狂了！」

坦白說，**我這一生經常聽到人們告訴我：「你真瘋狂！」**我在構思創立雅達利時，幾乎所有人都認為我瘋了，我在安培的同事把我拉到一旁告訴我，在螢幕上玩遊戲是很荒謬的構想。在當時，人們在螢幕上見過的影像只有電視螢幕上的那些影像，很難想像「把遊戲呈現在螢幕上來玩」的概念，就連「製作遊戲影像」都被視為是瘋狂的概念，我記得有個很聰明的人問我：當人們把電視機的旋鈕轉去玩《乓》時，電視台要如何知道呢？當然啦，一間巨大的披薩店裡有會說話的動物（由人裝扮的造型動物），這個概念也被視為瘋狂點子，即便時至今日，當我如此解釋恰奇披薩遊樂場親子連鎖餐廳時，人們還是會大笑呢！

我的瘋狂點子並不是全都奏效，**有時候，瘋狂必須出現在正確、適當的時機**。一九九〇年代，我構想打造家用機器人（參見乓、29），人們認為讓小機器人在家裡到處轉是很可笑的事。事實是，當時的技術還不成熟。不過，在我的瘋狂想像中，我現在仍然無法不相信：終有一天，我們的住家裡會有小機器人。在我看來，想像與假設一個沒有家用機器人的未來，那才叫瘋狂呢！可是，我經常在暢談這個主題時，看到聽者目光呆滯。

在我談到「機器人自動駕駛車」時，人們也用「你這個瘋子」的眼光看著我，可是，大概五年後就會有這樣的車子問世，谷歌、寶馬汽車（BMW）和幾家日本公司已經研發出相關技術，只要把成本降低至合理水準，機器人自動駕駛車就不再是「瘋狂點子」啦！

當年，人們聽到「電話」這類東西時，也說：「瘋狂！」我只要走幾分鐘路或幾條街，就能跟某人面對面說話了，幹麼要在不面對面的情況下跟對方說話啊？飛機？瘋狂！要是人注定能飛的話，上帝早就在他們身上裝了翅膀啦！汽車？瘋狂！太吵了，又老是故障，騎馬多好，你腦子有病啊！

一九九〇年代初期，**貝佐斯**（Jeff Bezos）想創立一家線上書店時，很難找到願意出資者，但你看看現在，亞馬遜書店（Amazon.com）生意好得不得了。再看看**莎拉．布雷克里**（Sara Blakely）的故事，她突發奇想，把褲襪底部剪掉，充當搭配其長褲的內褲，結果因此發明了一項新產品。接著，她親自為自己發明的無足部彈性塑身內褲撰寫和申請專利，並尋找願意支持這項事業構想的人，但人人都說：「瘋狂！」直到終於有一個小製造商願意為她生產第一批產品。布雷克里在二〇〇〇年開始銷售這項她取名為「絲伴」（Spanx）的新產品，如今，她已經躋身《富比士》（*Forbes*）雜誌的「全球億萬富豪排行榜」。

布許聶爾 覓才、用才 TIPS

你的創意辦公室裡應該存在那種有益處的瘋狂：那些總是提出古怪點子，或者聽起來瘋狂的概念的員工所散發出的瘋狂。

幾乎所有創新創意在剛提出時聽起來都很瘋狂，大多數人缺乏創意想像力，因此無法想像與理解提出該創意的人在說什麼。而且，人們往往對他們不了解的東西心生畏懼，導致創新創意知音難尋的問題更形嚴重。但是，如果你不引進一些看起來比平常人瘋狂的員工，恐怕無法創造一個有創造力的組織。

在我錄用過的員工中，「**鳥人**」堪稱為最有創意、最瘋狂的一個，他手長腳長，身高六呎九（約相當於二一〇公分高），卻只有一百五十磅（約六十八公斤），我們當中從沒人見過如此高瘦的人，行動起來就像鳥兒，故得此綽號。

鳥人的行動只有一個速度：快！他的住處離公司約幾英里，總是跑步上下班，大雨天除外，那時他就會開他的福斯車，那輛車的兩邊漆著不同顏色，看著他從那輛車出來，就像一輛小車中擠出了六個馬戲團小丑，他的長手長腳似乎不可能放得進那輛車，更別提要如何出來了！

鳥人把他的辦公室改裝成工坊加辦公間的組合，靠牆的地方全擺放了桌子，圍成一個四乘五英尺見方的中間站立空間，那些桌子的高度全都弄成適合他的站立高度。

鳥人有濃濃的斯拉夫腔，旁人很難聽懂，所以他無法向其他人清楚解釋他的點子，但他會做出原型，他的許多新設計和新發明晦澀難解，就算有原型也一樣。但是，每隔幾個月，他就會提出包金鍍銀的絕佳點子。那時候，我們正在打造玩具，他為我們的電子寵物玩具發明了很棒的功能，例如，他設計出只需花三十美分零件成本就能打造出來的功能，讓我們的電子貓能夠發出喵喵聲。他真是個瘋狂的天才！

跟賈伯斯一樣，鳥人自己找上雅達利，不是雅達利找上他。他聽別人說，我應該是少數能夠了解他的創意點子的傢伙，所以他帶著他的行李箱，在我的玩具公司外紮營，一直等到跟我見上面（他拒絕和公司裡的其他人面談）。鳥人一直在我的公司工作，直到被移民局遣返克羅埃西亞。

賈伯斯常有瘋狂點子，就拿iPod來說吧，在構思這玩意兒的當時，蘋果的電腦事業有一些嚴重問題，他原本可以投入大量心力於改進蘋果電腦的作業系統上。但賈伯斯把他的精力和資源投入於開發一款音樂播放器，換作其他電腦公司，不會這麼做，甚至連想都不會這麼想，你能想像戴爾（Dell）會投入音樂事

布許聶爾覓才、用才TIPS

如果你不引進一些看起來比平常人瘋狂的員工，恐怕無法創造一個有創造力的組織。

業嗎？我知道，在當時，蘋果裡頭有很多人聽到賈伯斯的計畫時，認為他根本是瘋了，但iPod成功得不得了。

PONG：被聰明人視為瘋狂的創新點子

◎高貴的人類言語器官不可能被卑賤愚蠢的金屬取代。

——法國科學院院士尚巴提斯．布約（Jean-Baptiste Bouillaud）在一八七八年的一場留聲機展示會失敗後如此評論

◎比空氣還重的機器在天上飛行，這是不可能的事。

——英國皇家學院院長，著名物理學家開爾文勛爵（Lord Kelvin），一八九五年

◎馬永遠不會被取代，汽車只是流行一時的新奇玩意兒。

——密西根儲蓄銀行總裁在一九〇三年勸告亨利．福特的律師別投資福特汽車時如此說

◎我認為市場對電腦的需求在五部左右。

——IBM董事長湯瑪斯．華生（Thomas J. Watson），一九四三年

◎不論攻克了什麼市場，電視頂多撐六個月，因為人們很快就會厭煩每晚盯著一個木箱子看。

——二十世紀福斯影業總裁達洛．贊努克（Darryl Zanuck），一九四六年

◎影印機的全球市場潛力頂多五千台。

——IBM在一九五九年對後來的全錄公司（Xerox）創辦人如此解釋何以影印機市場不夠大到能量產

◎沒理由每個人要在家裡放一台電腦。

——迪吉多器材公司（Digital Equipment Corporation）總裁肯恩．歐爾森（Ken Olsen）在世界未來學會（World Future Society）於一九七七年舉行的研討會上如此說

乓11

▼尋找被霸凌、壓抑的創意人才

許多創意人才相信自己和自己的創造力，他們在年幼時代就知道自己比班上其他小孩聰明，及至長大成人，直到現在，他們仍然這麼相信，而且他們往往是對的，這也是他們可能很難相處的原因。

但是，也有許多創意人才是那些被認為與人們格格不入、思想古裡古怪，或穿著奇怪而遭到霸凌、嘲笑的孩子，其他小孩老是取笑他們，學校老師想把一些道理灌進他們的腦袋，他們的父母灰心絕望，認為他們永遠不會變「正常」。

有些這類小孩會反擊，但多數不會，沒有什麼比害怕遭到傷害、霸凌或嘲笑，更快使人順從的了。痛苦是很有效的激勵因子。

其他小孩、老師和父母可能壓抑了孩子的創造力，同理，公司也可能抑制了員工的創造力，並且在這過程中摧毀了他們的自信心，尤其是當員工的自我認同是建立於本身的創造力上時。如果你提出的各種有趣點子一而再、再而三地遭到公司否決、不屑一顧，甚至嘲笑，你幾乎不可能再懷抱自我價值感。這種待遇跟學校裡的霸凌一樣糟，創意人才將多麼的沮喪、難過啊，他認為很棒的點子，提交給公司後，卻被視為毫無價值，現在，他呆坐在辦公室裡，對自己的無能感到灰心喪志。

很多公司自擂自鳴說它們擁有不少創意人才，但這不是因為它們真的對員工提出的創新點子進行實驗，而是因為它們知道，對外說這番好聽話，可以標榜自己是一家有創意的公司。但於此同時，它們那些可憐、未獲重視與發揮的創意人才則是被漸漸磨得相信，他們的創意能力只會為他們惹麻煩，於是應徵面試下份工作時，他們便轉趨低調，不再凸顯自己的創造力，心想著：「我不想再經歷那種遭遇了，這回，我要玩安全牌。」

這些創意人才需要找到一份可以發揮創造力、可以一展長才的工作，你有時會在面試應徵者時遇到這樣的人，那麼設法讓對方感到自在，暢所欲言。他也許未能在上一份工作中有任何成就，但你可以**讓他談談以往的創意或創作成果**，也許他在學生時期曾經在作詩比賽中勝出、在某項科學展中獲獎，或是在某個比賽中名列前茅。只不過，多年的工作經驗讓他學會隱藏這部分的自己，其實這部分才是他最有價值、最應獲得關注的特質。

多年來，我有一些最優秀的員工在先前任職的公司裡被埋沒，他們的才華全然被忽視、被浪費。我記得有一家特別惡劣的公司，把員工的創意拿來辦了一場小型秀，那家公司其實根本不打算把那些創意轉化為問市的產品或服務，只是想藉此炫耀該公司的創造力，引來鎂光燈的聚焦。在這場秀中表現優異的員工，他們的創意其實從未獲得公司重視與採用。但是，這場秀反而變成了這些優秀人才的就業博覽會，他們全都被看出他們潛能的其他公司給挖角了。

所以，在此警告那些不願讓它們的創意人才有所發揮的公司：**千萬別只是作秀，你的競爭者可能會察覺這些人的潛能，進而挖角。**

布許聶爾
覓才、用才
TIPS

公司也可能抑制了員工的創造力，並且在這過程中摧毀了他們的自信心，這種待遇跟學校裡的霸凌一樣糟。

兵12 ▼留意演講後的徘徊接近者

某日，我對我新近熱中的教育事業做了一場主題演講，演講結束後，一些人走上前來，在講台附近徘徊，等著跟我說話，他們的眼睛散發出熱情光采，但有一點點羞怯。我錄用了其中兩個人。

早起去聽一場演講，接近演講人，告訴他你非常欣賞他的見解……，做這些事的意願傳達了很多訊息。**我有個紐約媒體業友人，他的所有助理全都雇用自來聽他演講，並在演講後上前向他詢問問題的人。**

其實，我認識很多人經常和這類在演講後的徘徊接近者會面交談。我認為每家公司，不論規模大小，都應該派代表外出演講、宣傳其品牌，並留意那些徘徊接近者當中的潛在人才。不過，那些公司代表必須具有說服力。賈伯斯最優的特質之一是，他是個極具魅力、近乎具有催眠作用的演講者，人們聆聽他的產品發表會或演講，總是心醉神迷。我第一次見到他站在軟體開發者研討會的講台上時（後來，那場研討會有轉播），他穿著Keen品牌的運動涼鞋，之後幾個月，Keen的鞋子賣到缺貨。

這類徘徊接近者之所以現身，係因像賈伯斯這樣的演講人的魅力吸引他們。基本上，不論講題是什麼，公司指派的演講人的目的是要推銷並建立人們對公司品牌的信心（若公司的執行長不是一個優秀的公開演講者，就必須挑選層級較低、長於公開演講的代表）。若演講具有針對性，「福音」傳播又做得好，追隨者自然會現身。

我的最佳員工當中有一些就是招募自這類徘徊接近者，例如，我在一場對全美餐飲業者協會發表演講的會場上，挑選到恰奇餐廳經銷權事務部主管唐・提克（Don Tk）。那場演講結束後，他走上前來告訴我，他很喜歡我們的餐廳經營方式，還說他是經銷權事務方面的專家。提克並沒有自誇，他在恰奇確實表現優異。我的銷售副總基尼・利普金（Gene Lipkin）在我的一場演講結束後找我交談了幾分鐘，接著問我有沒有適合他的工作，我就這樣錄用了他。

布許聶爾
覓才、用才
TIPS

我認為每家公司，不論規模大小，都應該派代表外出演講、宣傳其品牌，並留意那些徘徊接近者當中的潛在人才。

乒13 ▼ 詢問應徵者喜歡閱讀哪類書籍

尋覓創意人才的最佳方法之一，是詢問他們一個簡單的問題：「你喜歡讀哪類書籍？」

我這輩子還沒有遇到過任何一個具有創意才能的人，在被問及閱讀習慣時不會熱烈回應的。多年來，我用這個簡單問題過濾掉很多應徵者，他們來跟我面試，大談這個點子或那個點子，但是當我請他們說出他們特別喜歡的書籍時，他們卻為之語塞，神情茫然，猶如空白的電腦螢幕。

不同類型的員工有不同的閱讀興趣，例如，我發現工程師多半喜歡閱讀科幻小說，這也是我喜歡的書籍類型之一。科幻小說是創意思考的訓練之輪，科幻小說裡的許多點子已經變成了現實生活裡很尋常的東西，未來還會有更多。有朝一日，我們會不會全都使用家用機器人？會不會有太空移民？我們會不會戴植入式隱形眼鏡？奈米科技藥品能修復我們的身體嗎？所有這些問題的答案全都是肯定的，這些以及很多其他預測，早已成為科幻小說閱讀者信念體系的一部分。

其實，他們到底有無閱讀習慣與興趣，這個事實比他們喜歡讀哪類書籍來得重要（我認識許多很聰穎的工程師不喜歡科幻小說，但很喜歡其他類型的書籍，例如賞鳥方面的書籍）。一個或許令人不快、但往往相當正確的推論是：富好奇心與熱忱的人喜歡閱讀，遲鈍乏味、易於駕馭者不喜歡閱讀。

我記得在一次面試中，一位年輕小姐告訴我，我讀過的每一本書，她都讀過。於是，我開始提及我沒讀過的書，而她竟然也都讀過了。我不明白，一個二十幾歲的年輕人，怎麼會有時間讀那麼多書，她實在是太令我折服了，我當下就錄用了她，並且把她派到當時面臨困難的國際行銷部門。一顆這麼靈動、多元化的腦袋，應該很適合必須應付錯綜複雜問題的職務；沒有這樣一顆腦袋的人，不可能閱讀這麼多書籍。

給面試官的竅門：請應徵者列出十本他最喜歡的書。

給應徵者的忠告：想好你喜歡的十本書的書名。如果你告訴別人，你很喜歡閱讀，但當對方請你說出一些你喜歡的書的書名時，你卻一個也答不出來，那可真是糗大了！

以下是我喜歡的書籍清單（這份清單逐月變化，應該說是每天變化。此時此刻如果有人跟我面談問及時，我會提出下列十本書。明天問我，我又會提出另一份清單）。

- **《海柏利昂》**（*Hyperion*），作者：丹・西蒙斯（Dan Simmons）。
- **《戰爭遊戲》**（*Enders Game*），作者：歐森・史考特・卡德（Orson Scott Card）。
- **《潰雪》**（*Snow Crash*），作者：尼爾・史帝芬森（Neal Stephenson）。
- **《神經喚術士》**（*Necromancer*），作者：威廉・吉布森（William Gibson）。
- **《上帝之柱》**（*Pillars of the Earth*），作者：肯・弗雷特（Ken Follett）。
- **《魔戒》**（*Lord of the Rings*），作者：托爾金（J. R. R. Tolkien）。
- **《福爾摩斯》**（*Sherlock Holmes*）系列的任何一本，作者：柯南・道爾

布許聶爾
覓才、用才
TIPS

給面試官的竅門：請應徵者列出十本他最喜歡的書。
給應徵者的忠告：想好你喜歡的十本書的書名。

（Arthur Conan Doyle）。

- **《異鄉人》**（*The Stranger*），作者：卡繆（Albert Camus）。
- **《齊克果精選》**（*The Essential Kierkegaard*），作者：索倫・齊克果（Soren Kierkegaard）。
- **《柏拉圖理想國》**（*Plato's Republic*），別問我作者是誰！

乓14

▼ 駕帆出海

一九七〇年代，我有一艘四十一英尺長的帆船，每當心情不好時，我就會駕帆出海。那時還沒有手機，出了海，就與世隔絕，清靜孤悠，裨益良多。

後來，我發現，駕船出海還有另一項益處：觀察與衡量應徵者的性格。在船上，每個人各司其職，甲掌舵，乙觀象，丙照料繩帆等等。觀察這些人執行工作的情形，可以讓我**洞察他們在陌生的環境下如何反應，他們接受與執行指示的情形**。

有時出現了有點令人驚慌的狀況，有些人受了驚嚇就變得不知所措，要是船上所有人都如此，他們有可能喪命。有一次出海，船上有位可能成為我們員工的候選人，我給了他一個很容易執行、卻頗重要的指令，而他的反應是完全僵住。

我最終沒有錄用他，因為不論你喜歡與否，船上的每一個人都已經加入了一項團隊計畫，你不能只是呆坐著，期望別人來替你擦屁股，就算你是生手，縱使可能犯錯，你至少必須嘗試一下，此人顯然不會是我們創意團隊的好隊員。

如果你跟多數人一樣，不會駕帆出海，那麼，你可以考慮其他能夠帶著工作應徵候選人一起從事的嗜好或休閒活動。我的一位朋友喜歡打保齡球，他邀請員工或應徵者跟他一起同去，不論他們以前有沒有玩過。他的目的不是為了看他們的球技如何，他想觀察他們如何處理一個可能方向失準的情況：是禮貌得體、幽默從容地處理，抑或洩氣、惱怒、缺乏運動精神去應對。好消息是：保齡球道上鮮少發生「生或死」的情境。

布許奈爾覓才、用才TIPS

我發現，駕船出海還有一項益處：觀察與衡量應徵者的性格。

兵15

▼在工作現場發掘創意人才

觀察人們執行他們目前的工作，是發掘創意人才的最佳途徑之一。聽到我這麼說，人們往往大笑，他們認為這根本不可行：「我又不能走進別家公司，坐下來觀察。」

當然行，你只是沒有發揮創意去思考可能在什麼地方發掘這樣的人才罷了。

創意人才未必做創意工作，我們的勞動力和招募實務有個問題：創意人才往往找不到工作，或是找不到他們最想從事、最能發揮他們才能的工作。熱情與有趣本身是填不飽肚子的，因此熱情和有趣的人往往從事枯燥乏味的工作，因為他們找不到能讓自己發揮所長的工作。

我經常發掘與雇用那些在現職上有創意表現，而吸引我注意的人。我最優秀的員工之一是我在加州披薩廚房（California Pizza Kitchen）用餐時發掘的，她當時是服務我和我家人的服務生，非常有趣的一個人，她把我所有不怎麼有趣的搞笑嘗試，變得超好笑，讓周遭人如沐春風，我的家人全都崇拜地看著她，彷彿有鎂光燈對準她拍照。我當場就邀請她到我的公司上班，負責開發一些創新的行銷方案。結果，她真的表現超優，把她成為出色服務生的那種活力與幹勁完全展現在這份新職務上。

還有一次，我在加州帕羅奧圖的北壁戶外休閒運動用品店（The North Face）採購露營用具，協助我的那位年輕店員對這類用具的知識非常淵博，而且對露營活動充滿熱情，跟他交談既受益又愉快。鮮少遇到一位專業知識豐富，又如此親切有趣的銷售員，我當場就知道我想要他成為恰奇的員工。我們後來把他安排在客服部門，因為他這方面的才能太明顯了，結果，僅僅一年，他就晉升該部門的高層。

人們往往只看到他們期望看到的。若你期望看到的只是一名服務生，那麼你看到的就只會是服務生；但若你看每一個人時，心想著這個人有沒有可能成為我公司的員工，那麼可能性就會突然暴增。摘下你的馬眼罩吧，創意人才就在你的周遭，別因為你下班了，或是有事要忙，就停止觀察與搜尋，一些最富創造力的人其實就藏在你清楚可見之處。

找工作的人請注意了：不論你現在從事什麼工作，只要有人在看著你，你就是站在舞台上，你永遠不會知道何時突然有人慧眼看中你，上前來挖角你！

其實，你甚至不必到公司外，也能發掘隱藏的創意人才。**在你的公司裡頭，很可能就有不少未適得其所的員工，他們目前擔任的職務無法讓他們發揮創意潛能。因此，發掘創意人才的最佳途徑之一就是採行走動式管理**（management by walking around），這指的是，當你遇上問題時，走出你的辦公室，去找櫃台總機聊聊、去找會計部門的人聊聊，或是去跟客服人員聊聊。

為什麼？其一，這些人通常是不受重視的員工，光是你去找他們聊聊這個舉動本身，就已經是件令他們心裡很受用的好事了。其二，這些人當中也許有人對你的事業知之甚詳，甚至頗有一番見地，他們可以對你遇上的問題提供不同的見

布許聶爾 覓才、用才 TIPS

我經常發掘與雇用那些在現職上有創意表現，而吸引我注意的人。

解。多樣化見解之於創造性成長，其必要性猶如水之於生命。期望驅策行動，如果你不期望你組織中的每一個人都富有創造力，那麼他們就不會展現創造力。反之，如果你期望組織裡的每一個人都要展現創造力，他們就會致力於符合這項期望。

PONG：在運動場邊發掘人才

參與孩子們的運動活動是我生活裡的樂趣之一，觀看他們的運動比賽，不論輸贏，我都覺得很滿足，很得意。不過，我也注意到，很多聰穎之士也跟我一樣做相同的事，而且跟我一樣感覺很無聊，要是你的孩子決定參加游泳隊，情形更糟一點，因為游泳比賽冗長且非常單調乏味，一群小孩在游泳池裡拚命快速向前游，但坐在看台上的你，距離那麼遠，游泳池裡多顆頭浮浮沉沉，很難辨清哪個是你的小孩。

為了減輕無聊，你大部分時間都在和其他家長聊天，通常，我會和他們聊科技方面的話題，有時當場就提供對方工作機會。

舉例而言，一九七〇年代時，在一場比賽中，我和坐在旁邊、名叫鮑伯·布朗（Bob Brown）的傢伙聊了起來，我問他從事什麼工作，他說他設計客製化晶片。我們一個接一個話題聊著，不久便聊起電玩遊戲事業，當時有很多人反戰，我們兩人都認為，設計遊戲晶片比設計軍事用途晶片（當時有許多人從事這種晶片設計工作）要有趣多了。在那場比賽結束前，我已經雇用了鮑伯這位優異的晶片設計師，幾乎各式各樣的晶片，他都設計得出來。

優秀人才無處不在，任何地方都可能發掘得到。

乓16

在推特訊息中獵才

網際網路使得尋找與了解應徵者的工作變得更加容易，但我至今仍然鮮少聽聞人力資源部門積極靈巧地使用網際網路來做這事，它們只會在谷歌搜尋引擎上鍵入應徵者的姓名，冀望找到他們出糗的YouTube影片，或是他們放到臉書上散播的相片。

其實，在網際網路上，還有其他發掘創意人才的更佳途徑，例如，我認為隨機閱讀推特（Twitter）訊息就是最佳途徑之一。

推特剛出現時，看起來似乎只是一個讓人們公開生活內容、昭告他們剛刷完牙、或吃了一頓美味餐點的平台罷了，但歷經時日，維持變成了一種超大的索引平台。

我們可以把推特視為一個擁有無數標題的系統，若某個主題跟你公司的使命及業務內容有關，你可以在這平台上發掘到優秀人才，因為往往會有人張貼很有創意、很聰穎、跟你關心的主題有關的內容。

這些人當中有很多是渴望自由、不受束縛的創意人才，他們使用推特作為抒發管道和展現自我的媒介，他們可能被卡在不得志的工作上，或是處於失業狀態，但他們並沒有整天看電視或吃垃圾食物，他們在網路上抒發他們的創意。比如說，我正在尋找一位能夠處理技術簡介的公關人員，我可以在推特上搜尋一些關於介紹技術的文章，看看是誰的推文，然後點選他們的個人簡介與資訊，並繼續閱讀他們其他更多推文，來研判他們的知識與技能，以及他們是否適合我的公司。

我每星期都會去推特上隨機搜尋，由於我目前正在創辦一個教育性質的新事業，因此，我會搜尋看看有沒有人對這個主題說出獨到、聰穎的見解，如果發現了這樣的人，我就會關注（follow）他，他關注我後，我們可能不久就會開始交談。我預期會在接下來幾年雇用很多人，其中一些會是從推特平台上發掘的人才。

要提醒你的是，跟本書中的其他建議一樣，這個建議不是絕對可靠無虞。我曾經發現一個多產的一流推文者，我們搭上了線，很快地，我天天都收到他的電子郵件，裡頭盡是富有創意的新點子，我認為他是我見過最聰穎的傢伙之一，於是雇用了他，並出機票讓他來加州為我做軟體方面的工作。結果，他確實是充滿點子，但卻無能執行任何一個點子，他只會寫優異的推文，別無他才。最終，他只做了六個月。

布許聶爾覓才、用才TIPS

有很多渴望自由、不受束縛的創意人才，使用推特作為展現自我的媒介，在網路上抒發他們的創意。

乓17 ▼ 造訪創意社群

凡有想像力與創造力之處，就有創意社群的存在，跟同病相憐者一樣，創意人也惺惺相惜，喜歡結社。古希臘傑出哲學家暨數學家畢達哥拉斯在義大利南部殖民地克羅頓（Croton）建立了一個社群，追隨者在社群集會時舉行信仰儀式及討論哲學。許多世紀後的文藝復興時期，佛羅倫斯是作家、藝術家和音樂家的創作中心，為世界創作出了一些最傑出的不朽作品。一次大戰爆發前的數十年間，維也納的咖啡館經常聚集許多傑出才智之士，彼此交流激發靈感，佛洛依德（Sigmund Freud）為音樂家馬勒（Gustav Mahler）進行精神分析；哲學家維根斯坦（Ludwig Wittgenstein）的妹妹結婚時，克林姆（Gustav Klimt）為她畫了一幅肖像畫。

一次大戰後，包括薩繆爾・貝克特（Samuel Beckett）、海明威（Ernest Hemingway）、詹姆斯・喬伊斯（James Joyce）、亨利・米勒（Henry Miller）、愛茲拉・龐德（Ezra Pound）、葛楚・史坦（Gertrude Stein）在內，來自世界各地的藝文人士匯聚巴黎，形成非正式的藝術家、作家、出版商、書店自營商等社群，相互依賴營生，也彼此交流激發靈感。

你不需要搭乘時光機回到過去，現今現世就存在許多創意社群，有正式的社群、定期集會社群和即興創意社群。我見過少數人聚在一起談論科幻小說的小社群，也見過一大群人通力合作推動了不起的計畫。不論何時，不論何處，只要發現這類社群，你就能發掘潛在人才。

我是工程師性格，因此我加入的第一個社群是志同道合的工程師社群，在這個社群裡，我目睹了我原本想像不到的東西，例如第一支竊聽手機（在駭客研討會上，你可以遇到一些科技界最聰明的傢伙）。還有一次，一個年輕人把一個很大的電容器充電，再把它放電通過一條醃黃瓜，醃黃瓜裡的液體被分解成原子，醃黃瓜瞬間爆開，碎片四濺。我也在駭客研討會上初次見到把一片ＣＤ放進微波爐裡微波的結果。

在雅達利，我們派員工去參加這類研討會或社群，以確保人們熟悉我們的品牌，和我們正在進行的計畫。我們的員工經常在那裡獲得好點子，並且和社群裡有影響力者建立關係，那些傢伙頗感動於我們公司知道及留意他們的草根行動。

以下是一些值得造訪的創意社群。

每年在內華達州沙漠舉行的**火人節**（Burning Man Festival）。我經常參加這個為期一週的活動，來自各地的人們在這裡展開形式不拘的藝術創作，從小帳篷裡的作詩吟唱，到高聲播放的太空時代合成音樂，我在這裡見聞了形形色色的創作活動。幾乎每個營區都設有酒吧，讓你體驗不同的環境氛圍，其中一個酒吧立了一個標語：「沒有數學博士學位或對數學了解甚深的人在場，別討論量子力學。」這裡聚集了許多饒富創意的人才，簡直就是以節慶為飾的人才發掘中心。

漫學沙龍（Mindshare）是我特別鍾愛的社群之一，它是每月一次的交流聚會，聚集了來自各領域的人士，包括藝術家、科學家和科技專家。漫學沙龍的口號是「知性狂飲」（enlightened debauchery），有簡短的演講，有美酒藏量甚豐的

布許聶爾覓才、用才TIPS

凡有想像力與創造力之處，就有創意社群的存在。

酒吧。如今，這些活動已在全美各地舉辦，通常有四名演講人談論各式各樣的主題，包括肚皮舞、太極、電子植入技術、環保、未來趨勢、新發明等等。

洛杉磯的**METal社群**，一大群才華人士在週六早上共進早餐與交談，這些人對生命的熱情強烈到足以令他們在週六起個大早，甚至從遠處驅車前來，分享與交流各種見解。

一年一度的**大草原節**（Prairie Festival）在堪薩斯州中部舉行，吸引上千名人士在戶外度過一個週末，學習農業、永續和環保。如果我們要雇用這領域的人才，我會帶著一百張名片，在十月前往堪薩斯州薩琳娜市（Salina）。

創客運動（Maker Movement）的「**創客博覽會**」（Maker Faire）肇端於歐瑞禮媒體集團（O'Reilly Media）創辦的《創客》（*Maker*）雜誌，這份雜誌刊載許多創意製造方面的文章，例如，用雪茄盒打造出一把吉他、如何打造一部脈衝式噴射引擎等。該公司發現，不少讀者照著這些文章，自行打造出許多東西，他們想要對外展示這些作品。於是，他們在加州聖馬提歐市（San Mateo）的露天商展場地開設了「創客博覽會」，讓來自全美各地的人們展示他們的嗜好與作品，展覽會上群集了創新者，真是一個招募創新人才的好地方！這些人發現了自己的熱情，創造出新奇的東西，不遠千里而來，在此展示他們的作品。有別於一天看十二小時電視者，這些人說不定能創造出一台能做你想像不到的事的新穎電視機。

BIL是一個非研討會形式的聚會，在加州長灘（Long Beach）舉行三天，任何人只要捐款（數目隨意），就能參加。被稱為「創造者」（Builder）的BIL參加者在此非正式會議裡聆聽各種主題的演講與討論，像是「如何當個成功的異端者」。BIL創始於二〇〇八年，它的口號是「讓心智自由翱翔」（Minds Set Free），會中討論的主題從機器人到DIY生物學不一而足，非常廣泛多類。

PICNIC節（PICNIC Festival）是一年一度在歐洲舉行、為期兩到三天的活動，結合了研討會、特殊研習營、展示會與晚間娛樂節目，旨在交流、激發，以及促進創意和創新。二〇一二年在阿姆斯特丹舉行的PICNIC，有三千多位來自企業界、政府部門、教育界和其他領域的創意人士參加，當年的活動主題是「新所有權：從由上而下轉變為由下而上」，內容包括演講、互動式辯論和討論，以及新創事業競賽、媒合活動等等。

布許聶爾覓才、用才TIPS

值得造訪的創意社群：火人節、漫學沙龍、METal社群、大草原節、創客博覽會、BIL、PICNIC節。

乓18

提防虛有其表者

本書的基本讀者群是想要使他們的公司更具創意與創造力的人，但我擔心，有讀者會拿來作為不同用途：用本書提供的建議和點子，偽裝成富有創意者。

多年來，我學到的一大教訓是：企業界（以及這世界）充滿了虛有其表的人，這些人相當機靈，知道你想要他們說什麼，他們會說你想要聽到的東西。

我在雅達利成立的早期首次覺察到，虛有其表者真的無所不在。客製化晶片事業的經營很困難，很花時間，有時得花上至少一年，才能完成一種客製化晶片的設計與測試，在晶片尚未完成之前，很多假冒的晶片設計師會設法離開或被炒魷魚。賈伯斯曾告訴我，蘋果有許多員工從未能設計完成一顆晶片，我跟他說，雅達利也存在這種情形。這些人從一個工作跳到另一個工作，他們表面上在做看似像是創新的工作，實際上是零產出。我記得有個傢伙後來被冠以「我快要完成了」的綽號，因為每當我們詢問他負責設計的晶片完成了沒，他總是這麼回答。

你必須小心提防虛有其表者，那麼，該如何辨識他們呢？

首先，招募員工時，不要只看文憑。舉例而言，在晶片事業領域，某人可能有很棒的晶片設計文憑，卻沒有能力實際完成晶片設計。這類虛有其表者懂得如何把履歷表搞得很漂亮，你很快就會發現，這就是他們的主要才能。

其次，面試應徵者時，試試這個技巧：在他們非常流利地答完你提問的第一個問題後，接著詢問跟這個主題有關的第二個及第三個問題。那些虛有其表者通常熟知膚淺的術語，詢問該主題的更深入問題後，你可能會明顯發現，他們開始說得不那麼流利了，甚至會開始結結巴巴。

舉例來說，你想招募一位行銷專才，近年來，行銷者必須善於分析，所以虛有其表的行銷工作應徵者一開始大概會侃侃而談分析的重要性，你可以接著詢問對方：「哪些分析最重要？」又接著詢問：「谷歌的『按有效引導數量付費』

（cost per lead，譯註：網友點擊連結至廣告活動網頁後，填寫廣告客戶所定義的表單，這將自動產生一個有效引導的紀錄。廣告客戶根據有效引導時數量來支付廣告費用）是什麼？在推出一項行銷方案時，你認為怎樣的成效才稱得上好？」

換言之，詢問對方很多判斷性質的問題。如果你不是這個領域的專家，那麼事先找個專家為你準備十幾個問題。

還有，很多人了解一份職務的「如何」部分，但他們未必了解這份職務的**「為何」**部分，因此你可以詢問對方：「所以，你收集了所有分析資料，為何要這麼做？這些分析資料何以重要？你為何使用這些分析資料來提高行銷成效？」

我發現，在詢問應徵者這類較深入困難的問題時，運用我玩撲克牌時的技巧還蠻有幫助的。我的撲克牌算打得不錯，主要是我善用觀察對手的臉部表情及手部的肢體語言，這些肢體語言非常微妙，例如，根據西北大學、麻省理工學院和康乃爾大學的一項研究，**一些肢體語言尤其跟欺騙有關：觸摸手、觸摸臉部、手臂交叉、身體向後傾**，研究指出，這些個別動作本身並不代表此人在撒謊或欺騙，但**同時出現這些動作，就是顯露此人正在欺騙的準確跡象**。

布許聶爾
覓才、用才
TIPS

詢問應徵者很多判斷性質的問題。如果你不是這個領域的專家，事先找個專家為你準備十幾個問題。

虛有其表者的基本技巧就是虛張聲勢，用假象來欺騙，而且還表現得非常鎮定自在，這也是他們不容易被揭穿的原因之一。在雅達利時，我曾經錄用兩名從惠普跳槽而來的人，在當時，惠普被視為是這個領域裡的翹楚，要是能挖角到該公司的某個主管，你會覺得自己實在是太幸運了，而且這兩個傢伙表現得非常洗練圓滑，四平八穩。錄用之後，我們才發現，他們是虛有其表，什麼也不會，總是把部屬的功勞搶來自己居功。

我們都曾被虛有其表者唬弄過，要領是記取教訓，能夠經一事長一智，切勿無止盡地重蹈覆轍。

乓19

詢問不尋常的問題

多數人在面試應徵者時，總是重複詢問一些枯燥乏味的問題：你是什麼學校畢業的？你在這個領域有什麼工作經驗？你有不錯的推薦人嗎？你期待加入我們公司嗎？這些問題無法幫助你發掘創意人才，甚至令人昏昏欲睡。

想招募有趣的員工，就該詢問有趣的問題，詢問一些不尋常的、奇特的、隨意的問題，能幫助你看出應徵者的心智運作方式，而不是問那些讓他們向你背誦、覆述他們履歷表的問題。這些有趣、不尋常的問題，不一定是要能夠回答得出來，或有正確答案的問題，你的目的並不是要對方針對什麼認真嚴肅的問題，做出認真嚴肅的回答，而是要洞察他的腦袋是如何運轉的。

我常在和工作面談者共進午餐時，詢問對方：「**你認為這張桌面下黏了幾塊吐出的口香糖？**」我當然不知道答案，對方也不知道，我根本不在乎正確答案，我只想聽聽對方如何應付這個問題。

例如，若對方回答：「我怎麼會知道？」然後繼續別的話題，那麼我絕對不會錄用此人。若對方回答：「我不知道，不過，我看到好幾個人嚼著口香糖走進餐廳，但沒人嚼著口香糖走出餐廳，所以，我猜他們當中可能至少有幾個把吐出的口香糖黏在某處吧，其中應該有人認為桌面下是最好的地方。而且，我看出這家餐廳的主廚不是很愛乾淨，所以服務生大概從不檢查桌面下是否黏了口香糖。所以，我猜……嗯，黏了三塊吧？」

他答對與否，並不重要（因為可能有我們兩人都不知道的變數），重要的是，他在向你顯露他的腦袋是如何運轉的：他如何思考、推測、想像、猜測。順便一提，這類有關推算的問題，以及對推算值的推理說明能力，稱為「費米」問題，命名自義大利裔美籍物理學家恩里科．費米（Enrico Fermi），費米有一項很出名的能力：在沒有大量資訊下，能夠做出這樣的推論與推算。

我最喜歡詢問來應徵工程師的求職者一個問題，就是：「**你有沒有做過任何**

水電管線裝修方面的事？」有些被問到這個問題時，會露出奇怪的表情，但一個好的應徵者會回答：「做過」，然後敘述其經驗，這是一個好跡象。除了真正的水電工，沒人上過這方面的課程，因此只有本能直覺型的問題解決者曾做過這些事，我想用的就是這類型的人。（順便一提，這道理男女通用，我錄用過的一些最優秀女性員工在這方面非常在行。當然啦，這個問題適用於工程師，不適用於詩人。）

以下是我在面試時曾經問過的奇特問題：

- 「mole」是什麼？（mole可能是痣，可能是鼴鼠，也可能是指化學中的度量單位莫耳，一莫耳物質中所含的粒子數大約是6.02乘以10的23次方，又稱為亞佛加厥常數〔Avogadro's number〕。）
- 簡單容易的遊戲和困難的遊戲，何者較有趣？（很奇怪，人們往往不知該如何回答這個問題。）
- 在你的生活中，最煩惱的事是什麼？（我特別喜愛的一個回答是：你問的這個問題。）

布許聶爾覓才、用才TIPS

詢問一些不尋常的、奇特的、隨意的問題，能幫助你看出應徵者的心智運作方式。

• 為何總是出現事與願違的情形？（沒人知道答案，但有很多不錯的猜想。）
• 若有球員轟出全壘打，但他還沒跑完所有壘包，就猝死在場上，這支全壘打算數嗎？（如果有代跑者代他跑完的話，就算數。）
• 一張桌子的對立物是什麼？（就我所知，沒有，但絕對不是椅子。）

我也喜歡出以下謎題：

1.三個女人穿著泳裝並排站，其中兩人面露悲傷神情，另一人則很高興；高興的那個人哭了，悲傷的那兩個則是微笑著，為什麼？
2.8、5、4、9、1、7、6、3、2，這些數字是根據什麼來排序？
3.一九九〇年時，彼得十五歲，一九九五年時為十歲，為何會這樣？
4.在一場比賽中，參賽者必須hold住某個東西，比賽結果，勝出者是一名四肢痲痺患者，請問，他hold住了什麼？
5.一個女孩和三個朋友在路上走著，其中一個朋友是一隻動物，第二個朋友是植物，第三個朋友是一個礦物，這個女孩的名字是？

解答如下，不過請記得，重點不在答案，而是聽聽應徵者如何得出他們的答案。

①這三個女人正在選美比賽的決賽現場，剛剛宣布了冠軍得主。

②這些數字是根據它們的拼音字母順序來排序。

③它們是西元前的年份，不是西元後的年份。

④他hold住他的呼吸。

⑤桃樂蒂。她的朋友是膽小的獅子（動物）、稻草人（植物），和鐵皮人（礦物）。

布許曷爾覓才、用才TIPS

應徵者答對與否並不重要，重要的是，他在向你顯露他的腦袋是如何運轉的：他如何思考、推測、想像、猜測。

兵20

▼進行有深度的面試

在進行面試時，不要問制式問題，也別問膚淺的問題。對方可能試圖含糊其辭閃過你詢問的問題，或是企圖轉移至另一個主題，別讓他們得逞。根據他們的前一個回答，再詢問更深入的新問題。若面試者談到他在另一家公司正在做的某項計畫，那就詢問該計畫的細節，但要聚焦於他實際做的部分，人們在談到他們的經驗時，常使用「我們」這個字眼，雖然那項計畫可能執行得很圓滿，但他在該計畫中的參與程度可能很淺，甚至近乎零，也許在此某某計畫進行期間，他只不過是負責打掃洗手間！

使用漸進深入的詢問，例如，你可以詢問對方：「在某某計畫中，你實際負責哪些工作？」如果他說他是創作出很棒的行銷標語的團隊一員，你就盡你所能繼續深入挖掘：他在其中的確實貢獻、他的思維、他有沒有建議其他的點子？他為何喜歡他建議的點子？其他人還建議了什麼標語？這些標語當中，他喜歡或不喜歡的部分是什麼？別點到為止，要繼續深掘。

當你深入挖掘時，會發生三種情形。若應徵者參與該計畫的程度甚淺，你會看到他當場忙著胡謅一通。若他根本就沒有參與這項計畫，而無法當場瞎掰，那麼你能覺察到這點也不錯。或者，他真的參與甚深，他就會提供你更深入詳實的相關過程資訊。

有深度的面試是要你把應徵者的履歷表擱在一邊，儘可能多問對方犀利深入的問題。在過程中，別抱著尋找條件十全十美員工的念頭，你應該**尋找有才華的人才，再打造一個適合他的職務**。

你的目的是找到一群英才，有一群非凡人才，他們會完成令人驚嘆的非凡成就。

布許聶爾
覓才、用才
TIPS

有深度的面試是要你把應徵者的履歷表擱在一邊，儘可能多問對方犀利深入的問題。

育才、留才
下一個賈伯斯

第二部

HOW TO FIND,
HIRE, KEEP,
AND NURTURE
CREATIVE TALENT
FINDING THE NEXT
STEVE JOBS

你思考了往何處去尋找創意人才，你也找到了他們，並且成功地把他們招募進你的公司。接下來呢？

成功招進下一個賈伯斯，這還不夠，招進他們，卻不在他們身上下工夫，那又何必費神去尋覓和招募他們。人才招募進來後，你必須讓他們開心、有所發揮、覺得自己是團隊中受重視、有價值的一員。很多雇主費心費力尋覓創意人才，但招進了人才，卻不能讓他們有所發揮與成長。在一些公司，這種疏忽純粹是因為管理不當，公司不懂得如何善用其創意人才。在其他公司，則是一種謀略——為了不讓競爭者獲得最佳人才，便把他們招募進來，再把他們擺在沒人能找到他們之處。但這絕非長久之計，這些鬱鬱不得志的創意人才遲早會逃離你公司的囚牢，找到能讓他們一展長才之地，靠他們的創新才能而受惠。

如前所述，艾爾康是我遇到過最富有創造力的工程師之一，他是雅達利成功的關鍵人物。我在一九七六年把雅達利賣給華納（Warner），艾爾康變成華納的員工，在此期間，他提出一個又一個很棒的創意，尤其是在攜帶型遊戲機領域，那些點子非常酷，可以幫公司創造龐大獲利。

但是，這些點子沒有一個得見天日，他的上司中沒有一個人有足夠的創意，可以了解艾爾康的潛力，也就是說，公司裡沒有一個人能賞識並善用他的創造力，使公司受益。華納太執著於試圖靠「Artari 2600」遊戲機賺更多錢，以致未能看出這款遊戲機其實正漸漸失勢，他們就是無法敞胸張眼看看艾爾康不斷提給他們的新創意。

最終，艾爾康沮喪不已而離去，進入蘋果。但那是約翰．史考利（John Scully）掌政時期，蘋果浮浮沉沉，艾爾康再度出走，這次轉往矽谷遊戲公司（Silicon Gaming）。這個新東家了解艾爾康的潛力，他在此得以發揮長才，這家公司也因此獲益匪淺。

接下來的三十一個兵將教你，如何幫助組織中的創意人才成為最富創造力的員工，使他們和你的組織都因此受益。

乓21 ▼ 舉辦員工聯歡會

讓創意人才保持開心的最佳方法之一，就是製造一些快樂，舉辦花費不多的聯歡會是最好，也最具成本效益的做法之一。如果你的公司能夠明訂一個定期舉辦的員工聯歡會，將有助於創造一個吸引有趣人才加入工作與玩樂行列的環境。

在雅達利，我們總是讓員工有機會可以放鬆緊張情緒。本來，制度上是只有在達成每期業績目標時，才舉行慶功聯歡會，但因為我們幾乎每期都達成業績目標，因此每隔一週，我們便在公司後面的貨物裝卸區舉辦週五啤酒披薩聚會。每一場聯歡會的花費不到五百美元，卻為我們創造了一個好名聲：**一個很棒的工作地方**。

舉行這類聯歡會，除了收到為公司打廣告之效，還有另一個功能：其實，聯歡會的目的是創造一種非制式的溝通交流管道。聯歡會有助沖淡公司予人過於嚴肅的感覺，但實質效益是，比起在辦公室裡，員工在聯歡會上彼此會更輕鬆，也更坦誠地交談，尤其是在喝了點酒之後。原本可能不會在辦公室裡談到的創意或構想，員工往往會在聯歡會上提出，主要是因為即使這些點子不成熟，員工總是可以有藉口自我解嘲：那是酒後之言嘛！

這些週五啤酒披薩聯歡會的功效太顯著了，於是我們更進一步，偶爾也會舉辦變裝派對，這不僅僅是因為這種派對很有趣，主要是這樣做可以讓員工暫時拋開他們現在的自己與角色，變裝成他們想扮演的角色。不論是變裝成動物或超人，躲在裝扮後面，減輕了人們的自我意識，使他們更願意說出問題，更願意提供創意解答。換言之，這種派對讓人們以隱藏在裝扮與面具後的真實自我說話，而不是以他們小心翼翼建立起來的企業角色來說話。

我們也發現，當我們請員工放輕鬆，停止嚴肅思考時，他們有時會提出很棒的點子。這種現象的背後，其實是有科學根據的：當你持續思索鑽研一個問題時，你的創意往往會停止湧現。科學研究指出，人的意識大腦在任何時刻至多只能同時處理七、八件事，但在背景中，還有很多其他思想與概念游移於你的腦際，暢銷書作者、神經學家大衛·伊葛門（David Eagleman）把這種背景裡的喃喃聲音稱為「僵屍程式」（zombie program）。當你放輕鬆時，這些原本不是那麼清晰的思想，有些會湧現出來，其中也許就有問題的解答，這解答不是你能強迫你的大腦去挖掘出來的。

我們的看法是，我們永遠不知道創造力何時會發揮作用，但在我們的聯歡會上，總是有員工的創造力發揮作用。我記得，有一次，我們在公司的遊戲室裡舉行狂歡聚會，員工在玩我們開發的一種駕車遊戲，大家你一言我一句地聊說，要是能夠彼此同時對賽，那該有多好玩。有位工程師當下立即想出八個人同時玩八局遊戲的方法，於是這種駕車遊戲突然間從獨自體驗變成了一種聯合體驗。

這樣的改變看似平淡無奇，但過去從未有人想到要這麼做，我們立刻生產這種遊戲，把它取名為《*Indy 8*》，它可能比我們過去推出的任何一種遊戲都要賺錢。事實上，據報導，在迪士尼樂園，有一台遊戲機一年賺一百萬美元，玩家投二十五美分玩一局，或是一次投八個二十五美分硬幣，八個人同時玩八局。

以前從未有人想過八人共玩的遊戲，若不是那位工程師在雅達利的聯歡會上

布許耐爾
育才、留才
TIPS

當我們請員工放輕鬆，停止嚴肅思考時，他們有時會提出很棒的點子。
在我們的聯歡會上，總是有員工的創造力發揮作用。

輕鬆玩樂，恐怕永遠都不會想出這個點子。

儘管雅達利盡了最大努力，偶爾還是會雇用到一些不適任的經理人，通常，只有透過這些聯歡會，員工才願意向我們透露這些經理人的問題。有幾次，我由此得知某位經理人的竊取情事，他的部屬原本不敢告訴我，直到幾瓶啤酒下肚，他們才向我吐露。

酒後吐真言的最佳故事是這個：一名採購部門員工的太太現身我們的聯歡會，她向我們爆料，她在採購部門工作的先生一直在暗中揩公司的油：他透過他的哥哥採購用具，把公司的進價報高一倍，從中撈錢。原來她有次來我們的聯歡會找她先生，不料發現她先生和一名屬下有染，她決定向我們舉發此事。

許多公司採行「歡慶聚會」實務也大獲成功，舉辦活動，讓員工開心，也提高了員工生產力。例如，協助加州市民處理交通罰單申訴事宜的**TicketKick公司**有各種取悅員工的花招，例如提供員工個人成長課程；補助辦公室裝潢費用；在達成公司業績目標時，舉辦員工旅行；招待新進員工吃牛排晚餐，並發給迪士尼樂園門票。

經營有成的**休閒鞋及服飾製造商范氏**（**Vans**）則推出夏威夷之旅，來獎勵績優員工，還把設計團隊送去南加州棕櫚泉，也在有跳跳屋和高空滑索的戶外遊樂區舉辦員工家庭野餐聯歡會。位於加州賽普里斯市（Cypress）的總公司還闢有滑板運動場，用來測試自家產品，也兼作滑板運動之用。

舊金山的**貝妮妃化妝品公司**（Benefit Cosmetics）也舉辦各種員工活動，諸如：每月舉辦主題派對、冰淇淋聯誼活動、集體至球場觀賞棒球賽，以及在午餐舉行香檳慶祝會等等。

布許聶爾育才、留才TIPS

儘管雅達利盡了最大努力，偶爾還是會雇用到一些不適任的經理人，通常，只有透過這些聯歡會，員工才願意向我們透露這些經理人的問題。

兵22

▼ 創造某種程度的無政府狀態

聯歡會還有另一項激發創造力的功能。在公司裡，嚴謹的垂直型組織架構是抑制創造力發揮的最大阻礙之一，公司的指揮鏈架構愈扁平化，創意工作者和公司執行長之間的層級就愈少，對公司的創造力愈有益。

聯歡會的一大功效是，它們在當下立即聲平了組織層級，營造了所有人能夠彼此溝通交流的氛圍，助理能和高階主管交談，中低階管理層級能和高階管理者閒談，秘書可以和董事長聊天。

在我創立的每一家公司，我儘可能避免過度層級化的組織架構。層級組織裡有經理、副理、資淺副理……，基本上，**當你給員工冠上「理」這個頭銜時，你就賦予他們說「不」的權力。一家公司，有這種權力的人應該愈少愈好。**

較佳的組織架構是**扁平化的公司**，人人現身於工作，沒有人下令他們該做什麼和該完成什麼，這種模式稱為「有管理的無政府狀態」（directed anarchy），是確保創意與創新得以興旺的最佳模式。

多數公司在創立初期很自然地處於這種模式，當你只有為數不多的員工時，公司的規定和有否決權力的人也不多。許多傑出的公司在成長擴張的同時，致力於保持這種扁平化組織結構，**谷歌**就是一個好例子。在谷歌，員工有自己的日常工作，但公司也容許他們把二〇%的工作時間用於做自己想做的事，這項政策促使谷歌保持一定程度的「有管理的無政府狀態」。就連**賈伯斯**讓旗下員工獨立探索其工作各層面的自由程度，也遠超乎多數人的想像。

另一個例子是位於加州的**寧平台網路公司**（Ning.com），這是一個讓個人與組織建立個性化社交網路的線上平台。在該公司，新進員工和主管團隊無視於頭銜或職權一起工作；此外，該公司有一個「無限制休假」政策，員工想休假多少星期都可以，只要他們把他們的工作做完、做好。

位於芝加哥的**37signals.com**專門為小型企業開發網路應用軟體，該公司的共同創辦人傑森．弗萊德（Jason Fried）把公司設計成扁平化組織，鼓勵員工與同仁建立平行關係，並從平行的同仁關係中學習。該公司讓團隊可以自由修改他們從事的計畫，團隊成員輪流領導他們的計畫。此外，該公司也不設經理人，改用「技匠」（craftsman）代之，以避免傳統的層級組織架構。

在威斯康辛州的**卡勒建築與設計公司**（Kahler Slater），領導人在全體員工一起設計的開放式辦公室裡和其他員工一起工作，兩位共同執行長每週和所有員工舉行兩次開放式討論。該公司在二〇一一年被《企業家》（*Entrepreneur*）雜誌評選為「最佳小型企業雇主」。

保持扁平化組織架構的最重要理由之一是，創意並非總是源自最優秀的員工，好點子可能來自助理、警衛、兼職員工這類在嚴謹的垂直型層級化公司中最不起眼、最受忽視的人員。當你的公司建立了人人都能也都應該做出貢獻的文化與組織架構，你將會聽到一些很棒的點子出自最意想不到的人員。

七十歲的芙洛姬和伊利亞．賈西亞（Froggy and Ilya Garcia）夫婦在雅達利工廠裝配線工作，裝配線的員工大多是二十幾歲的年輕人。我經常走去生產區和員

布許聶爾
育才、留才
TIPS

扁平化是確保創意與創新得以興旺的最佳模式。

工聊天，以了解他們的工作情形。有一天，芙洛姬和伊利亞告訴我，如果我們把一些零組件標準化，就可以加快產品的生產速度。他們進一步解釋後，大家立刻理解，這是個非常顯而易見的解決方案，但從未有人注意到。實施了這對老夫婦的建議後，我們生產的每台機器大約節省了四十美元的成本。

乒23

▼鼓勵頑皮搞怪

二十世紀末期，機場曾豎立那種內含多個按鈕的大型展示廣告，按下按鈕，立刻就連結至一些服務，例如旅館或租車公司。某天夜裡，沃茲尼克決定頑皮一下，他驅車至舊金山機場，把一些這類服務的程式稍加修改，讓那些公司的電話號碼跟他朋友的電話號碼對調。到了深夜，他的朋友開始接到電話詢問：「你們有中型車嗎？」、「一個房間一晚多少錢？」

賈伯斯也喜歡拿電話來搞怪，不過，他特別喜愛的把戲之一偏重實用性：製作藍盒子模仿電話公司的撥話控制訊號，讓他可以免費撥打電話至歐洲任何一個地方（在那個年代，越洋電話收費可是相當昂貴的）。

這世上有循規蹈矩者，也有愛違反或打破規矩者，社會可以接受玩世不恭、有創意、良善的違逆；不為社會接受的違逆則否。公司不能雇用犯重罪的惡人，但良善的頑皮搞怪則是有趣、好玩又令人發笑，倘若這些搞怪很有創意，反而可以凸顯出某些現有人事物的愚蠢或不合理，有助改善或修正之效。

一位朋友告訴我一個故事：有位聰慧的記者在幾年前寫了一本叫好又叫座的暢銷書，便開始神氣起來，自負過了頭。跟他任職同一報社的朋友們決定來個惡作劇，他們騙他說有個電台節目要訪問他，再假裝成該電台節目主持人打電話給他，詢問他種種滑稽、做作的問題，他也回以種種滑稽、做作的回答。幾天後，這位記者收到訪問錄音帶，沒有人再多問或多說什麼，但這名記者的自負從此收斂了許多。

我最喜愛的惡作劇之一發生在雅達利。有個傢伙開口閉口談的都是他打高爾夫球的事，某天，朋友們把他辦公室裡的傢俱全部搬走，鋪上草皮，再加一個高爾夫球洞。第二天早上，他打開辦公室門，只見一片高爾夫球場草地。從此，這傢伙不再老是談論高爾夫球了。

在職場，幽默是必要的，惡作劇有助人們自我解嘲。做作、愛炫耀的人通常不願意冒險，創造力不是很高；幽默頑皮的組織文化有助員工放輕鬆。

總部位於芝加哥的**酷朋**（Groupon）是年營收達六十億美元的網路團購公司，該公司的共同創辦人暨執行長安德魯．梅森（Andrew Mason，譯註：已於二〇一三年三月被董事會解雇，他發給員工的道別信也相當輕鬆詼諧）以頑皮、愛開玩笑聞名，常搞一些無厘頭的惡作劇。據報導，他曾經把他的執行長辦公室讓給一名雇來的角色扮演者；以及曾經雇用一位表演藝術者穿上芭蕾舞短裙在公司總部四周閒蕩。

網路鞋子零售商Zappos的公司文化不僅接受、還頌揚頑皮搞怪，該公司的十大核心價值觀之一是：「製造樂趣和一點點古怪」。

把頑皮搞怪視為工作創意的彩排。但，慎戒：切莫玩過頭！

布許聶爾育才、留才TIPS

在職場，幽默是必要的，惡作劇有助人們自我解嘲。幽默頑皮的組織文化有助員工放輕鬆。

乓24

▼ 設立臭鼬工廠

伴隨公司的成長擴張，文件作業、後勤事務、組織層級等也往往隨之擴增，而導致組織的創造力和創見萎縮。一般來說，當公司員工數增加到一百五十人左右，就會開始產生硬化症。員工數多到令員工無法知道許多其他同仁的姓名、他們做什麼事，以及他們的最佳實務時，組織的鈣化作用就會加劇，公司開始錙銖必較，產品或服務的問市速度減緩，創業精神消散，很快地，你的組織基本上變成了只是又一家典型的大公司。

為了避免這種僵化，一個好方法是設立「分支」（branch off），我指的不是成立一個分支事業，而是指**設立一個分開的工作地**。另租一個工作場所，讓員工（尤其是從事創意、研發，或特別計畫的員工）遠離繁文縟節，擺脫淤塞停滯，你只需對他們澆點水，讓他們生根，讓他們形成自己的文化。

一九四〇年代，航太公司洛克希德（Lockheed）設立了一個特別的分支，稱為「臭鼬工廠」（Skunk Works），計畫非常成功，這個名稱也因此名留青史，如今，它被用來泛指一組織中被賦予高度自治權、肩負先進或祕密計畫任務的團隊。有時候，公司也使用不同的名稱，例如，谷歌的臭鼬工廠計畫稱為**「Google X」**。Google X的成員從事特殊計畫，像是無人駕駛車、太空電梯等，不過Google X計畫的確切性質極其保密，連多數谷歌員工也不知道。買下摩托羅拉（Motorola）之後，谷歌現在打算在公司內部成立一個「先進技術與計畫事業單位」（Advanced Technology and Projects Division），該事業單位將召集一小群專家，投入於研發可以融入摩托羅拉器材裡的新技術。

許多其他公司也有類似做法。二十年前，微軟設立了一項臭鼬工廠計畫，名為**「微軟研究」**（Microsoft Research），其目的是：「透過結合基礎研究和應用研究，推進目前的電腦運算技術。」**福特汽車**最近也推動一項臭鼬工廠計畫，由八十五人組成的一支團隊重新設計該公司的林肯（Lincoln）豪華轎車品牌車款。

雅達利也曾推出臭鼬工廠，地點位於二次大戰時期加州草原谷（Grass Valley）的一座醫院。當時，這家醫院已經廢棄不用，有厚實的圍牆，建築的平面設計很怪異，地下室還有緊急用的發電機。醫院座落於松樹茂密的山坡上，我們公司許多人認為那裡是世上風景最優美的地方之一。

我們把一支主力工程師團隊送到草原谷，這些工程師擁有電子或機械方面的優異技能，而且極富創造力，但在公司總部，他們的創造力漸漸衰竭。到了草原谷，他們自主自治，想像力很快就擺脫束縛而起飛，雅達利有很多最佳產品都是在那裡誕生的，包括為雅達利賺大錢的賽車遊戲。「Atari 2600」遊戲機的核心設計也是在那裡誕生的，這項創造數百億美元營收的產品開啟了家用遊戲機事業。

臭鼬工廠應該設在距離公司總部多遠的地點呢？這端視計畫或專案需要多快完成或問市而定。如果計畫應該儘快完成或問市，臭鼬工廠可以位在靠近公司總部的地點，甚至近到只相隔一個街區，創意人員可步行到那裡，但不必身陷公司的繁文縟節之中。若計畫進行期間較長，臭鼬工廠就應該離公司更遠。我們的草原谷臭鼬工廠離公司總部約兩小時車程，我不需要經常去巡視，因為那裡的創意

布許聶爾育才、留才TIPS

一般來說，當公司員工數增加到150人左右，就會開始產生硬化症，為避免這種僵化，一個好方法是設立特別的分支，「臭鼬工廠」。

人員要投入的計畫為期長達一年或更久。

設立遠離公司總部的臭鼬工廠，好處之一是可以讓你放寬規定。你的公司可能不允許員工在公司過夜，但在臭鼬工廠就行；你可能禁止員工攜帶狗兒進公司，但在臭鼬工廠就行；你的公司總部可能有服裝方面的規定，臭鼬工廠員工的服裝可以隨意。

此外，公司總部必須維持許多令人覺得麻煩的東西，例如警衛、進出佩帶員工證，以及其他種種規定，很多這類規定有害創造力，在臭鼬工廠就可以免除它們。

獨立的臭鼬工廠也讓員工有機會躲開公司總部的日常旋風：絕大多數公司都有一項作為搖錢樹的主力產品或服務，其日常營運佔用了公司大部分的人力與時間。而且在許多公司，這棵搖錢樹通常會遭遇某種危機，公司往往會很自然地動用儘可能多的資源來解決緊急情況，因為這棵搖錢樹是公司的命脈。

但很多人可能不了解，**未來也是公司的命脈**。企業往往受害於「當前暴政」（tyranny of now）之下，人們認為當前比未來重要，但若沒有未來，當前再好又有何用。因此，別讓攸關公司未來的創意計畫被日常事務的泥沼所困住，如果包括最優秀人才在內，公司的所有人員都忙於應付內戰，應付日常旋風，公司將無前景可言。

不過，要提醒你一點，拜Skype、簡訊、推特等等通訊工具所賜，如今，「隔離與偏僻」是愈來愈難做到了。因此，你不僅要讓你的臭鼬工廠隔絕於日常緊急事務之外，還得讓它與日常生活中的瑣碎事物隔開，若這指的是禁用電子通訊器材，那麼，再難，你也得試一試。

布許聶爾
育才、留才
TIPS

設立遠離公司總部的臭鼬工廠，好處之一是可以放寬規定，以及避開日常緊急事務。

兵25

▼促進公平性

很多人認為他們可以玩弄任何制度，例如，他們認為他們能夠設法搶別人的功勞。

這種玩弄制度的行為將嚴重打擊唯實力是用的功績制（meritocracy），因為這些玩弄制度者摧毀了公平性。此外，這些人通常是公然而粗魯地玩弄制度，以致激起眾怒。

長期而言，公司最好力阻有人對新的創新或點子搶功居功。在雅達利，每當有一個新點子開始邁向實現之路時，我們便儘可能讓更多協助構思及推動它的人都分享功勞。這種政策創造公平性，而公平性非常重要。

很少有構想或概念從構思、提出、執行到成真，僅憑一人之力就能達成。同理，也很少有單獨個人提出的好點子在一開始就已經充分成形，從進一步發展初步構想，到正式發表產品或服務的高潮，這段期間還必須做出很多的決策，每個決策者可能對原始構想都做出了重要的增色或修潤，即使不是每次都明顯可見。

再者，若原創者對其點子的所有權緊抓不放，他可能會設法對這點子施加過多的掌控（他會說，這畢竟是他的點子，是他先想出的）。例如，若他是第一個想出X產品的人，緊抓不放的他可能會專斷地裁決跟這項產品有關的任何事項，像是該產品的優點、改進、修正等等。這樣的影響力太大了，**任何一家公司都不該讓原創者有如此大的權力，去審核其他人對其初始創意或構想做出的修改或增色建議**。一項優異的產品或服務，往往是結合了原始創意和許多小改進與其他創意，而非僅靠一個突發奇想。

搶功的另一個問題是：若讓某人得以完全居功，就會形成個人所有權文化，既然所有功勞都歸原創者，以後還有誰願意向團隊貢獻他們的好點子呢？

一個優良的公司文化應該讓公司的身分和個別員工的身分融合起來。**蘋果**的文化與環境使其零售店員工願意接受不高的工資（目前的時薪水準是一一・二五美元），平均每季創造約七十五萬美元營收。蘋果目前的員工數約為四萬三千人，其中三萬人是蘋果零售店員工，年薪約兩萬五千美元，據悉，他們喜愛他們的工作，這種忠誠度可媲美愛國心。

你應該讓公司的產品或服務以公司之名而聞名，而非以某個創意人才之名而聞名。在公司這個大家庭裡，這些觀念愈普及，每位員工愈快樂，也愈成功。

布許聶爾
育才、留才
TIPS

公司最好力阻有人對新的創新或點子搶功居功，公平性非常重要。

乒26

與世隔絕的僻靜創思

加州蒙特利灣帕哈羅沙丘（Pajaro Dunes）位於聖塔克魯茲（Santa Cruz）以南約二十英里，風景優美，有奇形怪狀的灌木矮樹，濱海的房子建築奇特，以寬廣步道相通。這裡與雅達利公司總部相距約一百英里，我們認為，此地是舉行僻靜創思會議的理想地點。

我們在這裡吃、喝、抽菸、玩遊戲，當然也討論我們的事業，通常是先綜觀產業情勢，再交流分享我們在商貿展上獲得的資訊與知識（競爭產品、通路商等等），接著討論可能的發展計畫。

我們這樣做的重點，不在於帕哈羅沙丘的風景多秀麗，或它多麼臨近海洋，或那裡的落日多壯麗（雖然，這些真的有助益），而是一到那裡，**就別無他處可**

去。不同於一般的飯店或會議中心，人們可以在會議結束後到處閒逛，做自己想做的事，在帕哈羅沙丘，在非會議時間，**我們只能彼此依靠**。

團隊的凝聚就是這麼形成的：透過溝通，哪怕是出於強迫的溝通。一個健全的公司總是設法促成員工彼此間的溝通，促進溝通的最佳方法之一是迫使他們相處，不管他們想不想，願不願意。

拴在一起相處時，那些平時不會傾聽他人所言的人就被迫傾聽他人，那些平時彼此不交談的人也被迫交談。當你沒有其他人可以交談，只能跟拴在一起相處的人交談時，將會出現有趣的對話。

此外，這類僻靜會議充滿各種強制性的團體活動，我們發現，玩《戰國風雲》（*Risk*）和《外交風雲》（*Diplomacy*）這類遊戲可以讓人就像是戲中人般投入，讓自己擺脫平時的工作言行，在其他人面前說我們過去可能覺得不方便說的話。

我們也發現，經過約三天的與世隔絕後，大家彼此都卸下心防與面具。在平時的會議室裡，幾乎任何人都能戴著面具一小時；但在另一個與世隔絕的不同環境裡待上三天，很少人能夠繼續戴著面具。卸下面具後，大家以真實面貌相見，相互交談，整體溝通變得更好，而且當彼此能更自在、更坦誠地交談時，團隊也運作得更有效率、更有創造力。

若你不是很了解該如何舉行僻靜會議，不妨參考其他公司的做法，已經有很多公司採行這項實務，帶著員工團隊到偏遠或驚奇冒險的地方，營造不同的相處、體驗與激盪。

布許聶爾
育才、留才
TIPS

促進溝通的最佳方法之一是迫使員工相處，不管他們想不想，願不願意。

與世隔絕的僻靜不僅對團隊心靈有益，對個人心靈也有助益。我個人每星期總需要遠離一切，獨處幾小時，在獨處之地待得愈久，我的創造力愈高。**賈伯斯也深信個人僻靜獨處之必要，他常告訴我，獨處靜思是令他感覺踏實歸真的唯一途徑。**事實上，他在生命晚期曾告訴我，他認為他的健康問題有相當大程度要歸因於一九九七年重返蘋果後被公司的問題纏身，使得他再也沒有時間能夠遠離世俗塵囂。

賈伯斯非常喜歡靜思冥想，其實，他在一九七〇年代中期前往印度，就是為了這個目的。那趟印度之行，雅達利為他支付旅費，去印度之前，賈伯斯告訴我們，他會辭職，但因為我們公司在歐洲出了個問題，我們告訴他，如果他能去歐洲幫公司解決這個問題，我們會支付旅費，他可以在解決問題之後，轉赴印度。

在印度期間，賈伯斯染上某種血液方面的疾病，帶病返美，重返雅達利，其後，他和沃茲尼克聯手設計出非常成功的《打磚塊》（*Breakout*）遊戲原型。由於這款遊戲的概念是從彈球遊戲《乒》衍生出來的，當時，《乒》及同類遊戲的市場熱潮已過，雅達利其他工程師全都不想參與這款新遊戲的研發計畫，但賈伯斯看出了它的潛力。

賈伯斯始終崇尚簡單、沉思的生活。舉例而言，通常是他來造訪我，但在一九八〇年代某一天，我騎摩托車外出，途中決定去造訪他，看看他一年前買的房子。我敲門後，過了很久，他才來應門，原來，他正在睡覺，當時已是下午。進了屋子，我環視了一下，感覺簡直就像他才剛搬進來似的，屋裡幾乎沒什麼傢俱和食物，只有一些茶和水果。我們在後院一棵樹下的長椅上坐下，他告訴我，這棟房子呈現的情形就是他一直想要過的生活：儘可能減少家當和雜亂。

我堅信，任何人若想創意泉湧，必須找個能讓自己的心智沉澱、不被雜事干擾的地方。在入眠之前或剛睡醒時，你可以發現一種心智狀態，這種心智狀態介於認知推理和做夢之間，富於想像力的想法就是從這裡泉湧。若能在白天找到這種心智狀態，將會受益良多，而找到這種心智狀態的最佳途徑就是僻靜獨處，讓你的問題退到背景裡暫停或運作。

乓27

改造壞點子

在帕哈羅沙丘僻靜創思時，我使用我特別喜愛的方法之一來促進創造力：我請每一個人列出我們在會議上所提出的所有點子，並且從好到壞排序它們。接著，我指著清單上殿後的六個，說：「我們現在假設在接下來幾個月只能著手進行這六個糟糕的點子，請大家想想，要如何使它們奏效？」

這樣的流程逆轉了大家平日的心智運作。他們不再試著去指出這些壞點子的錯誤與缺失，這麼做只會激發他們的批判本能；相反地，他們現在必須去辨識這些壞點子的優點，這麼做便激發了他們的創意本能。

我們每次做此練習，六個殿底的差勁點子當中至少有一個不僅變成好點子，而且是出色的點子，最終發展成為公司賺錢的產品。其中最棒的一個改造成果是用槍射擊鴨子的《射鴨》（*Quack*）遊戲，一開始，這個點子聽起來很糟，可是，在我們想出如何用很靈巧的方法來操縱射槍後，這個遊戲就變得非常成功。

這項技巧改造自我高中時代一位辯論教練的教導，在我們第一天練習時，那位教練要我們針對任何一個主題，都必須練習正反兩邊的辯論。我們很快就發現，要為一個你不相信的事情做出辯護，會使你徹底推翻你對這世界的了解，同時也幫助你看到過去未能看到的東西。

現今教育制度的問題之一是，它往往把最具創造力的人變成最缺乏創造力。現今的教育一再教導孩子要自我修正、遵從、融入；若珍妮畫了一朵花，這花跟老師認知的花不像，老師就認定珍妮畫得不好，最終，珍妮學會了這麼想，這麼說：「這不是他們想要我做的，我最好遵守，要不然，我會得到壞成績。」

成功的公司應該做相反的事：鼓勵奇特、不尋常、非凡。你的公司可能會發現，這是成功的最大驅動力。

布許聶爾育才、留才TIPS

練習辨識差勁壞點子的優點，激發了員工的創意本能。

兵28

擁抱失敗

如果員工因為擔心自己的點子不好而不願提出，那必定意謂他們害怕失敗；若員工害怕失敗，他們將很難成功。你的公司必須鼓勵員工擁抱失敗。

當然啦，沒有人會刻意追求失敗，但是在**嘗試新事物時，失敗在所難免**。學習滑雪者，若害怕摔倒，就永遠學不好；你必須嘗試新冒險，才能學到新技巧。在成功之前，你必須擁抱失敗，從失敗中學習。

再者，很少失敗是一場徹徹底底的大災難。一項計畫若失敗了，你必須徹底檢視其所有層面，看看它是否真的那麼糟糕，是否真的如你一開始所懼怕的那樣，是個不折不扣的大災難。其實，只要認真檢視，你會從失敗中學到很多東西。害怕失敗或害怕討論失敗的人，將錯失從新嘗試中獲得重要學習的大好機會。

舉例而言，**蘋果**在一九八〇年代早期推出的「麗莎」（Lisa）電腦是一大失敗，這款電腦速度慢又昂貴，沒多少人喜歡它，銷售量極差。但是，蘋果從「麗莎」學到的很多東西被放入後來的麥金塔電腦裡，麥金塔獲致巨大成功。若非「麗莎」這麼糟糕，這麼失敗，蘋果就無法學到這麼多東西，從而打造出這麼棒的麥金塔。

同樣地，**恰奇餐廳**一開始也慘遭失敗，我們原本以為五千平方英尺的餐廳空間就夠了，但開幕當天，我們就發現我們錯得離譜，空間太小了，整個餐廳變得擁擠、吵雜、混亂，顧客要是還會再光臨，那才真讓我意外呢！不過，我們已經知道錯在哪裡，因此我們的下一間恰奇餐廳佔地達兩萬平方英尺，寬敞舒適。話說回來，我們當初絕對不會把第一間餐廳搞得這麼大，因為從來就沒有佔地如此寬闊的餐廳，但事實顯示，我們就是需要這麼大的面積，唯有經歷過錯誤與失敗，我們才能學到這點。

公司若接受失敗為事業經營過程中必然發生之事，且有其必要性，員工就會擺脫老是擔心著是否做錯事而被懲罰或解雇的心理負擔。**害怕失敗將形成一個對**

任何新創意或構想說「不」的組織，組織將一再裹足不前，直到關門，最後一個「不」字是：不再營業了！

企業史上充滿這樣的故事：公司幾乎失敗到無以為繼，但它們汲取失敗教訓，成功改造重生。例如，一九九〇年代，日本**世嘉**公司（Sega Corporation）在遊戲機市場上和任天堂（Nintendo）與索尼（Sony）激烈競爭，世嘉推出的第七代遊戲主機「Dreamcast」在市場上慘敗，公司瀕臨瓦解。世嘉決定改組，並在二〇〇一年完全退出遊戲機市場，專注於為其他遊戲機開發遊戲軟體，並收購一些規模較小的遊戲軟體開發公司，世嘉終於在二〇〇五年重返強勁的營利成長。

我最喜愛的故事之一是多用途除濕防鏽潤滑劑**WD-40**，這名稱的由來是因為前面的三十九種版本產品都不成功，WD-40的意思是「除濕，第四十種配方」（Water displacement, 40th formula）。

無數創業者歷經失敗之後才成功，**盛田昭夫**（Akio Morita）創立的公司所推出的第一項產品是煮飯的電鍋，但經過多次嘗試改進，這個電鍋仍然煮不出像樣的飯。這家公司後來在其他領域締造成功，也就是聞名全球的索尼。**亨利・福特**

布許聶爾 育才、留才 TIPS

公司必須鼓勵員工擁抱失敗。害怕失敗或害怕討論失敗的人，將錯失從新嘗試中獲得重要學習的大好機會。

（Henry Ford）最早推出的兩種車款並不成功，但這並沒有令他灰心氣餒，使他打住創辦福特汽車公司的念頭。

即便是已經很成功的企業家，也可能遭遇大失敗，並從中學習。我們全都知道**理查・布蘭森**（Richard Branson）旗下的維珍唱片（Virgin Records）和維珍航空（Virgin Airlines）二家公司，但有多少人還記得維珍可樂（Virgin Cola）或維珍伏特加（Virgin Vodka）呢？

當然啦，有正確、有益的失敗，也有錯誤、要命的失敗，失敗可以讓我們學習，但太多的失敗可能導致你一蹶不振。除非你想追求失敗，並且有這麼做的好理由，否則，千萬別拿你的大比例資產下注於單一個點子上，**下注於任何一個點子的資產不應超過總資產的三%或四%**，這樣一來，就算這個計畫徹底失敗了，你仍然能存活下去，並學到很多東西。

兵29 ▼ 敢於冒險

人人都知道冒險為必要，在科學、探勘、醫藥和企業領域，若非有人願意冒險嘗試，許多最偉大的進步永遠不會出現。想想最早飛上天的萊特兄弟（Wright brothers）；在巴士上坐到白人區的人權鬥士羅莎・帕克斯（Rosa Parks）；文藝復興時期冒死違逆教會禁令，而成為現代天文學之父的伽利略（Galileo Galilei）；冒死領導非暴力抗爭行動以追求印度獨立的甘地（Mahatma Gandhi）。

現今許多公司之所以能夠存活壯大，只因為它們的創辦人願意冒險。以線上音樂服務公司**潘朵拉**（Pandora）為例，二〇〇一年時，該公司老闆已經用罄資金，決定豁出一切，五十幾名員工延後兩年支薪，創辦人提姆・韋斯特葛倫（Tim Westergren）拿十一張信用卡舉貸到最大額度，撐到二〇〇四年，終於獲得八百萬美元的創投資金挹注。今天，潘朵拉的市值達十五億八千萬美元。**戴森（Dyson）吸塵器**公司創辦人詹姆斯・戴森（James Dyson）堅信自己一定能創造出性能絕佳的吸塵器，他打造了五千多個原型，負債四百萬美元。二〇一一年時，該公司營收達十億美元，據悉，戴森的財富淨值超過四十億美元。

但是，儘管我們全都知道，也常述說這類冒大險而成大功的故事，**大多數人仍然害怕冒險，為什麼？因為害怕不確定性和失敗**。冒險開啟了通往這兩種可能性的大門。

風險的定義包含了一個不確定的未來結果，人的大腦一看到這個，就高興不起來，因為我們的大腦想要的是能夠準確預知的未來。對身處的環境愈有把握，我們愈有安全感，萬古以來皆然。我們會種植出什麼樣的作物？我們的敵人有什麼能耐？未來幾天的天氣如何？那頭利牙老虎會不會吃了我們？

今天的我們，毋須冒許多生或死的風險，但一些冒險行動確實攸關我們的事業存亡，多數人對此感到害怕。

然而，公司要創造一個能滋育創造力的健全生態系統，最佳方法是接受並鼓勵冒險。這並非指做愚蠢之事，或是沒有周詳規劃。冒險有明智的冒險、愚蠢的冒險，或介於兩者之間的冒險，但所有公司都應該撥出一筆預算，讓組織能夠投入於不保證必定成功的事項，和一些點子或構想上，讓創意人才去尋找其他人尚未看出的問題解決方案。

當然啦，在一些企業，尤其是小型企業，冒險是它們所知的唯一可能性。**在雅達利，我們的整個事業模式都是以冒險為基礎**，我們的競爭者是更強大也更優秀的大廠商，因此**我們被迫仰賴雅達利富有創造力的企業文化來求生存**。魚兒是最後才識水的物種，我們謹記這個道理，我們是魚。

現今的企業環境變化速度太快，公司若要生存下去，就得創新，就算這意味著要改變它們的規避風險文化。當然，錄用一個賈伯斯，這也是改變之一，但很少公司會用賈伯斯，即便現在的公司也一樣，為什麼？因為賈伯斯是個異類。在多數雇主眼中，他不過是個衣著邋遢的怪胎，但是，這個衣著邋遢的怪胎有可能正是使你的公司變成舉世市值最高的企業的傢伙。

在二十一世紀，冒險不應被視為選項而是必要，但是太多公司已經變得過於規避風險，以至於在必須做出快速、果決、強力行動時，反而裹足不前。正因為

布許聶爾
育才、留才
TIPS

公司要創造一個能滋育創造力的健全生態系統，最佳方法是接受並鼓勵員工冒險。

如此，公司必須讓它們的創意人才冒險，因為現今的企業環境瞬息萬變，任何時刻都可能有另一家公司現身搶走你的顧客，為了反擊，通常必須採行冒險之舉，但若你的公司沒有冒險文化，在需要冒險之時（這種時刻必然到來），你的員工將不知該如何冒險。

簡言之，冒險是必要的，因為這是確保公司擁有未來的最佳武器。

不過，別忘了，冒險本身也可能很危險，我從慘痛經驗中學到這教訓。一九八四年時，我想打造一部結合了朋友、僕人和寵物等多功用的機器人，能夠跟你愉快地聊天，為你取物，幫你料理事務。一個金屬夥伴能協助你把生活照料得更井井有條，同時又能減輕你的寂寞，誰不想要這麼一個小甜心呢？

我深信這是個出色的點子，便砸下兩千八百萬美元，基本上，那是我當時擁有的全部現金。但是打造出來的機器人不太對勁，這個小傢伙在屋裡漫步時，會受到靜電干擾，導致它身體裡的電腦當機。今天，你的電腦當機時，會出現死機的藍色螢幕，一看到這藍色螢幕，你可能會抓狂，但也就僅止於此了。可是，重達四十磅的機器人當機時，它可能會沿著樓梯摔下來，把某人砸傷或砸死！死機的藍色螢幕當然勝過真的砸死人，我們稱此問題為「殘殺人體狀態」，可能出人命，這是個嚴重問題。

我們做了很多嘗試，就是無法把機器人的電腦與靜電完全隔絕，不受干擾。最終，這家公司失敗收場，雖然我把它的一些技術賣給柯達（Eastman Kodak），但是我的投資幾乎全都泡湯了。

這是我首次被技術問題嚇到，過去，我最擔心的是行銷和定價方面的問題，從未擔心過我無法解決技術方面的問題。我是一個在技術方面相當自負的人，但在領受了那次教訓後，我再也不敢自負了。

更重要的是，我學會別再把所有雞蛋放在同一個籃子裡，從那時候起，我宣布，我的公司只把工程預算的一〇％拿來投入於奇特或不尋常的冒險上。**雖說冒險為必要，但在分配多少資源於冒險行動上，你必須理性**。還有，關於冒險及風險的說明也必須明確、具體，多數人在談到風險時，用詞含糊不明，例如：

A：「在這計畫上，我們可以容忍多少的虧損？」

布許爾育才、留才TIPS

公司若要生存下去，就得創新。當然，錄用一個賈伯斯，也是改變之一，但很少公司會用賈伯斯，因為賈伯斯是個異類。

B：「很多。」

A：「我們還能再忍受多少虧損？」

B：「很多。」

A：「這個冒險行動，長期會使我們付出多少成本？」

B：「可能會付出很多。」

類似這樣的對話，沒有助益，明確具體的對話應該類似這樣：

A：「要是這計畫失敗的話，我們可能損失多少？」

B：「兩萬美元。」

儘可能把風險量化，這樣，你就能更容易面對風險。把風險轉化為實際數字，你就不會擔心一次失敗會導致毀滅。對自己冒的險有愈多的了解，你愈能把它們量化為可能的虧損或獲利，如此一來，你愈可能做出好決策。抽象的談話將擴大對風險的恐懼，反之，具體的談話有助於減輕對風險的恐懼。

用數據來面對你的恐懼吧！

布許聶爾育才、留才TIPS

把風險轉化為實際數字，你就不會擔心一次失敗會導致毀滅。

乓30 ▼ 頒獎給搞砸王

如果你的公司不曾偶爾出錯，代表你的公司還未挑戰極限。我一向覺得，應該對非常糟糕的點子做出某種表揚，使人們不再那麼害怕失敗。

因此，在恰奇餐廳，我們制定了**「火雞獎」**（Turkey Award，譯註：這裡的turkey是一語雙關，一來該獎項的獎盃是一個火雞塑像；二來turkey的另一個意思是「失敗之作」）。我們每年四次邀請全美各地的區經理出席晚宴，討論過去四個月的成功，以及對未來四個月的計畫。晚餐後，我們照例舉行頒獎儀式，有最優員工、最優經理人、最優成果等等獎項，接著是眾人最期待的「火雞獎」，**頒發給過去四個月當中的搞砸王**，「獎盃」是我在墨西哥的市集上發現的一個錫製火雞塑像，高十八英寸，奇醜無比。

我認為，藉由表揚和嘲笑最引人注目的失敗，可以把失敗的痛苦抒發出來。所以我們讓現場來賓提名，請他們為最糟糕的失敗者鼓掌，我耳測誰獲得最大掌聲，誰就是「火雞獎」得主。接下來四個月，該得主必須把醜陋的錫製火雞放在他的辦公桌上。

有一次，「火雞獎」得主是我們的營運部經理，他的失敗之作是提議讓顧客在用完餐後自己清理餐桌。他打的如意算盤是，如果能把清理餐桌的工作變得非常有趣，以激起客人想要自己動手來，我們就能省下大筆勞力成本。

他的構想是，設一個很大的投幣口，當客人把裝披薩的盤子送進回收機口時，這個投幣口就會吐出一個可用來玩遊戲的代幣。投幣口旁邊有一個玻璃纖維製的卡通人物「愛吃先生」（喜愛吃披薩），張大了嘴巴，客人把餐巾紙遞到他嘴邊，他嘴裡的吸扇就會把餐巾紙吸走，然後，他會打個飽嗝，說：「謝謝您。」聽到這點子時，所有人都愛極了。

大家都太愛這創意了，這才麻煩！我們把這點子付諸實施，結果，孩子們到處搜尋無人在座位上的餐桌上盤子，可是，很多客人把還未吃完的餐點留在桌上，便前往遊戲室，當他們返回餐廳座位時，發現他們的披薩被倒在桌上，裝披薩的盤子不見了，因為有孩子把盤子送進了回收機。

這是我頒發過的最佳「火雞獎」，最棒的失敗之作。

布許聶爾
育才、留才
TIPS

我一向覺得，應該對非常糟糕的點子做出某種表揚，使人們不再那麼害怕失敗。因此，在恰奇餐廳，我們制定了「火雞獎」。

兵31

▼為創意人才提供導師

輔導機制（mentoring）極有幫助，這雖是個存在已久的概念與實務，但不代表它已經老舊過時，不再合宜。導師可以幫助任何年輕員工或新進員工，不過一般來說，創意人才比其他員工更需要導師。

創意人才總是在做不尋常的、創新的、新奇的事。周遭人不了解他們所做的事，不了解他們為何做這些事，不了解他們做這些事的目的，甚至可能不知道他們到底在做什麼。

這使得創意人才幾乎恆常處於和公司其他人對立的狀態。他們嘗試向上司解釋他們的新計畫，但是，死腦筋的上司則回應說：「我不明白你說的東西。」這是直截了當的回拒，令創意人才感到沮喪難過。這很尋常，**創意工作的特徵之一**

就是經常遭到回拒。

外人雖不易理解這類創意計畫，但它們是驅動公司邁向未來的動力，原本很多這類計畫若受到妥善發展與督導管理，可以為公司創造財富，但是，從事這類計畫的創意人才往往遭到修正、管控和抑制，他們的計畫甚至連起步的機會都沒有。

所有公司都必須確保，有人為它們的創意人才提供支持力量，幫助他們繼續在創意工作上勇往直前，而此人的角色就是導師。導師的重要任務是：避免創意人才產生過於強烈的被拒感和孤獨感而傷及他們的工作，幫助他們應付組織裡的官僚體制，縱使導師可能不了解他們的創意構想或計畫。導師未必充分了解受指導者在做什麼，但他願意支持他們，捍衛他們做這些事的權利。若導師做得稱職，公司將獲益無窮；若導師不盡職，你的競爭者將會奪取你的市場。

PONG：公司外的導師

多數公司不知道該如何指導它們的創意人才，如果你的公司缺乏適合擔任導師的人，那就設法使你公司的創意人才和公司外的合適導師建立關係。

賈伯斯以前不時來我家造訪我，並不是想從我這裡獲得什麼點子，而是跟我聊聊他的一些構想，從我的支持中獲取勇氣。我多半不能充分了解他的構想與點子，但不論這些點子有多奇怪，我總是告訴他，他似乎已經有了清晰的願景，若他能預見一個正面結果，他就應該勇往直前，不論周遭人是否了解他的目標。

我記得有一次，賈伯斯來我位於伍賽鎮的家，跟我談到Unix作業系統環境，當時，他已經被逐出蘋果，自行創立了NeXT電腦公司。對迷你電腦而言，Unix作業系統過於昂貴、複雜，到底要不要使用這套作業系統，他難以抉擇。

布許聶爾育才、留才TIPS

所有公司都必須確保有人為它們的創意人才提供支持力量，幫助他們繼續在創意工作上勇往直前，而此人的角色就是導師。

我鼓勵他依循自己的直覺。在當時，Unix的確是最好的作業系統，但它有它的缺點，例如，它需要龐大的記憶體和處理器，導致電腦的運算速度很慢。但科學工作站裡的人員使用這套作業系統，賈伯斯想要NeXT介於工作站和個人電腦之間。

儘管如此，Unix作業系統有很多優點，而且它有很棒的多線程架構（multithreaded architecture），你可以同時跑不同的應用程式，這在當時的個人電腦上是聞所未聞！使用Unix作業系統，若某個應用程式當掉了，並不會導致整個系統當掉。

我們反反覆覆討論Unix的優缺點，談了好幾個小時，**我的角色並不是告訴賈伯斯去做什麼，而是讓他自己去辯論優缺點，讓他知道我完全支持他，知道我有絕對的信心，相信他可以做出正確決定。**

最終，賈伯斯決定使用Unix，雖然情況並非一帆風順，但事實證明，這在當時是正確選擇。蘋果在一九九六年以四億二千九百萬美元收購NeXT，該公司接下來的作業系統就是以Unix為基礎。

我本身有許多非凡的導師，其中最好的一位是人稱「矽谷市長」的羅伯．諾伊斯（Robert Noyce），他是快捷半導體（Fairchild Semiconductor）和英特爾（Intel）這兩家公司的共同創辦人，也是積體電路（微晶片）的發明人之一。（譯註：積體電路的發明人爭議存在已久，德州儀器工程師傑克．基爾比〔Jack Kilby〕設計出第一顆積體電路，也比諾伊斯更早提出專利申請，但諾伊斯卻較早取得專利。現在，兩人都被封為積體電路發明者，不過，基爾比因為這項發明而在二〇〇〇年獲得諾貝爾物理學獎，間接確認他確實比諾伊斯早一步發明出積體電路。）我在美國電子學協會（American Electronics Association）的一場晚宴中結識諾伊斯，後來得知我們兩人都喜歡玩西洋棋，便經常一起下棋。

我從諾伊斯那兒受益匪淺，尤其是在經營事業方面，他對我提出了很多寶貴建議。現在說來，可能令很多人難以置信，但在那個年代，二十九歲的年輕人經營一家大公司，非常少見。其實，這是挺嚇人的事，沒人真的了解我當時心裡有多害怕，我應付內心恐懼的做法是故作鎮定，裝出什麼都懂的樣子，結果導致我犯了許多大錯。多年後，我才明白，**沒有人會要求你是全知者，徵求別人的協助，並不是什麼丟臉的事。**

諾伊斯幫助我學會這點，他相信我，這給了我信心去相信自己。他總是讓我覺得自己像個十幾歲的毛頭小子，因為他太有智慧了，常說出很直覺的東西，改變了我的人生（包括私人及事業方面）。他的這些精闢深邃之言，往往是針對簡單的問題，有時甚至是在我們的交談中隨口說出的妙語精句。這裡茲舉兩個例子：

諾伊斯說：「**若你覺得某個傢伙的事業看起來很容易，代表你還不夠**

了解它。」日後，每當我認為我發現了另一個企業忽視的某個商機時，我總是想起這句話，並且反覆思索，深入探究後，我幾乎總是會發現，並不是那個企業忽視了這個商機，而是我在先前的膚淺分析中忽視了其中的一些阻礙。

諾伊斯說：「**成功的產品或計畫例子很容易找到，較難找到的是失敗的例子。**」換言之，失敗的產品往往被刻意隱藏起來，或是因為它們早早無疾而終，公司可能從未為它們打廣告，或是市場根本就沒注意到它們。一九八〇年代末，我有一家玩具公司，我們不斷地打造原型，提交給玩具反斗城（Toys "R" Us）的採購員，徵詢他們的意見。很快地，我們跟這些採購員熟稔起來，他們對我們提出的許多產品原型表現得很熱心，但總是一再說：「噢，又是這老玩意兒。」並舉出另一家已經在市場上推出相同創意產品的公司，敘述那個產品在市場上如何慘敗。一旦我們有機會去討論那些失敗的產品後，我們就很清楚地看出它們為何會失敗，我總是為自己沒能更早看出其中問題而感到不好意思。

乓32

▼ 把創意人才當成年人看待

許多公司的文化使它們抱持這樣的觀念：不能完全信賴那些創意人才，必須時時監督他們。我稱此為「幼稚園管理」，這種管理觀念隱含的是，你的公司把創意工作交給一群幼稚園孩童！

其實，真正幼稚的孩童往往是公司裡的那些管理者。在多數公司，創意人才全心致力於創新，但他們非但沒有獲得適切的鼓勵，反而被管理者的幼稚心態所輕蔑。無怪乎滑稽的「呆伯」（Dilbert）連環漫畫這麼受歡迎，因為絕大多數上班族（甚至是所有上班族）都有智商不高的上司。

這種情形之所以這麼普遍，係因一些從階層做起的傢伙，後來爬到他們智慧與能力不足以勝任的職位上，這就是所謂的「彼得原理」（Peter Principle）：員工往往被拔擢到他們不能勝任的職位。

因此，很多決策者往往最不了解其決策產生的後果。他們沒去過最近舉行的商貿展；他們沒有經常上網去仔細搜尋與瀏覽新創意；他們不了解創意工作文化，因為他們不從事創意工作；他們的新職務是所謂的「責任經理人」，這項新職使他們疏離市場事實。

多數的管理層實際上在做什麼呢？阻止創意人才把他們有趣、冒險、有潛在價值的創意付諸實現。

管理層其實應該做什麼呢？幫助創意人才把他們有趣、冒險、具潛在價值的創意成真。

噢，管理層其實還有另一個重要任務。創意人才多半不善溝通，例如，沃茲尼克大概是我見過最不善言談的人，他連話都說不出口，我們每次交談時，他的眼睛總是盯著自己的雙腳，而不是看著我。沃茲是個絕頂聰穎、超有創意的天才，但若不是有賈伯斯，恐怕沒人知道他的超級才能（現在的沃茲好多了，他已經變成一個相當不錯的溝通者）。

促使人們變得極富創造力的那些才能，未必能使他們清楚表達，甚至能言善道。因此，**經理人的另一項重要任務就是為創意人才做溝通工作：看出他們的計畫有什麼妙處，成為他們在公司內部的公關指導。優秀的經理人是優秀的啦啦隊長。**

布許聶爾
育才、留才
TIPS

管理層其實應該做什麼呢？幫助創意人才把他們有趣、冒險、具潛在價值的創意成真。

乒33

創造一條發掘與推動創意的指揮鏈

你問一群人，他們是否具有創造力，幾乎所有人都會說他們有。你在演講中詢問在座聽眾，誰相信創新的功效與重要性，幾乎所有人都會舉手。但是，當你向你的上司提出你的創新構想時，十有八九，沒有一位上司相信你。富創意的創新太激進，太嚇人，而且很不幸地，對大多數人而言，太難以置信。理論上聽起來非常好，要付諸實現？噢，不太好。

包括許多公司的高階主管在內，許多人認為他們擁抱創新，可一旦要具體落實，他們就變成強力的反對者。賈伯斯恰恰相反，他本人並不是特別有創意，但他格外歡迎創意，非常願意大膽冒險，他擁抱創新，而且積極實現創新。

有人說，創意是一門隱瞞點子實際源頭的藝術。你看到某個點子，心想：

「哇，這真不錯，要是修改這個，增加那個，一定能成功」，當你幫助實現這個點子，並且成功時，你便能沾光居功。這點子不是你想出的，但你看出了它的潛力。

事實上，富創意的構想、產品或服務，並不是突如其來冒出的，它們是歷經了一步步的分析與解決流程，逐漸發展出來的。要產生這樣的流程，公司必須有一條能夠竭盡全力發掘與推動好點子，並幫助它們開花結果而非抑制它們的指揮鏈，而且這條指揮鏈愈短愈好。如果公司的管理制度有許多層級，必須這一層級核准了，才能進入下一層級，而且每一層級都必須通過懷疑式管理才能獲得核准，那麼你的公司不會有創造力，不會有創新。

為了確保創意的發生，你應該檢視，在你的公司，**創新點子能浮現至上層嗎？**有沒有一條滋育和推動它們的指揮鏈？還是你的公司存在著一條會把它們拉下來、壓下來，保證它們永不見天日的指揮鏈？

公司必須自省：我們真的想要創意嗎？一些公司聘請一個又一個顧問來談論創造力，但它們最終做的事是添加了一條抑制創造力，而非促進創造力的指揮鏈。我的建議是：創造一個能一步步地辨識、發掘、推進和執行創意點子的管理流程。如果你的公司不這麼做，存活前景堪慮。

布許聶爾
育才、留才
TIPS

公司必須有一條能夠竭盡全力發掘與推動好點子，並幫助它們開花結果而非抑制它們的指揮鏈，而且這條指揮鏈愈短愈好。

乓34

▼ 打造一個創意空間

我們到處尋找合適的建築物，以創立數位娛樂公司 uWink（我的第十八個創業），最後在洛杉磯找到一棟理想的大樓：空間寬敞，地點絕佳，價格低廉。只有一個問題：這棟樓就只是一棟樓，破損嚴重，許多樓層被隔成陰暗的小辦公室，污跡斑斑，天花板缺損，天花板上垂著破舊的燈具，猶如病懨懨的動物。磨損了的地毯污穢不堪，大概是太髒了，沒人想動手移除它們，所以一直留在地上，牆壁的狀況更糟，看起來似乎有樂團在此瘋狂練習，事後沒人清理過。

我們想讓這地方變得像樣些，但又不想花太多錢在這上頭，於是我們決定把所有牆壁漆上黑板漆，再用塑合板來鑲飾，打破這一片漆黑。在牆上，大約每隔十英尺，我們釘上盒子，裡頭有粉筆和板擦。

結果，這地方變成了一個創意天堂，員工在他們辦公室的外牆寫上他們的姓名，接著開始搞怪地簽上他們的頭銜。其實，這家公司沒有多少員工有頭銜，僅有的那些頭銜也很快被大家改成荒唐怪異的變形版。某個男性員工在牆上寫下他的名字，旁邊畫上一個小丑，並給自己取了一個頭銜：神祕邦邦主（Lord of the Mystic Realm）。

我們發現，粉筆有許多優點，最大的優點之一是隨時可以擦掉，這鼓勵了員工恣意盡情地在牆壁上發揮創意，因為不會有長期性風險。我原本可以告訴員工，他們可以用油漆在牆壁上隨意創作，但油漆去不掉，風險較高，大概不會有多少人這麼做。

有人問我，這是不是我所創立的公司當中最富創意的一家，我的回答是：「不，我以前創立的公司也有這麼多創意人才，只不過，我並未允許他們在牆壁上塗鴉。」

許多年輕的公司嘗試創造奇特的辦公空間，例如，西班牙**賽格斯卡農建築師事務所**（Selgas Cano）的辦公室位於馬德里附近的一座森林裡，建築物外型像個大型的地鐵車廂，一半建在地面上，一半建在地面下，一面牆使用有機玻璃（Plexiglas），員工在辦公室裡可以直接看到森林。

米蘭製衣商康沃（Comvert）把公司總部設在一間廢棄的電影院裡，為了善加利用電影院裡多餘的垂直空間，他們在倉庫上方建了一座懸吊式滑板場。

在東倫敦的矽環區（Silicon Roundabout），社群媒體公司**葡萄數位**（Grape Digital）把辦公室設在翻修後的瑪莉勞埃酒吧裡（Marie Lloyd Pub，這間酒吧係以維多利亞時代音樂廳歌手瑪莉．勞埃命名）。這樣的工作環境，不僅提高了員工的生產力，該公司還發現，很少潛在客戶會拒絕在酒吧裡跟他們會面。

布許聶爾育才、留才TIPS

許多年輕的公司嘗試創造奇特的辦公空間：賽格斯卡農、康沃、葡萄數位……。

PONG：在牆壁上塗鴉

我發現，讓人們在牆壁上塗鴉（不論使用什麼工具），有助於激發和發揮創意。最富創意的人，其思考是大刀闊斧型，但他們往往受限於一張紙或一個電腦螢幕所提供的空間。此外，邊畫邊講有助於溝通複雜的構想。

現在，我的公司到處都掛上巨大的白板或黑板，在其中一家公司，我們把每面牆都漆上黑板漆，部分是綠色，部分是黑色，這間辦公室對員工及造訪者發出吶喊：創意！

乒35 ▼ 訂定展示日

創意人才有個毛病：他們往往進入自己的兔子洞裡，而未能準時完成推進公司的重要任務。

解決這個問題的方法：訂定展示日（demo day）。

這是賈伯斯和我經常使用的巧計，始於雅達利，如今已變成矽谷文化的一部分。

在科技界，在其他許多領域大概也一樣，九〇%的進展發生於商貿展的前一週（或者，在其他產業，截止日期的前一週）。很多員工會一再拖延，直到那個斬釘截鐵、不可動搖的日期突然逼近眼前，才趕緊快馬加鞭。但是，很多人的快馬加鞭往往不夠快，最終無法在截止日前如期完成工作。

所以，在雅達利，我們便訂定**軟性截止日期**，稱之為「展示日」，員工必須把他們的產品弄到夠接近完成的狀態，讓所有人能夠看到它，思考它，評論它。我們也常為了增添些許逼真，為想像的截止日（通常離實際截止日還有兩週左右）編造理由，例如：中國的一個通路商將來訪；有個創投家想來看我們的工作情形；有個記者正在撰寫一篇有關我們的報導。

在蘋果，賈伯斯把這概念推向更高層次，他會**任命多個小組對相同的一個產品做出許多設計，並讓它們同時展示，從中選出他喜歡的性能與特色，再繼續推進計畫**。

不論你的計畫是行銷方案，或是設計出一個網站，或是製作出一部電影，不論你的起步是什麼，一開始，你對實際任務的知識必然不足、不全，唯有在計畫的推進過程中，你才能充實細節。

舉例而言，在軟體開發業，每套程式至少會寫兩次，我擔任程式設計師時，常常在寫了九〇%的程式後，突然出現了我的「啊哈！」頓悟時刻，於是，把之前寫的所有程式都作廢，用我的新洞察重新來過。我的一位小說家朋友告訴我，他總是把已經寫成的內容丟棄一半以上，才能繼續寫完一本小說，因為他必須寫了那麼多之後，才真正了解自己在寫什麼。

換言之，訂定一個軟性截止日期，能幫助你的創意人才在硬性（實際的）截止日期之前完工。

布許聶爾
育才、留才
TIPS

訂定展示日是賈伯斯和我經常使用的巧計，始於雅達利，如今已變成矽谷文化的一部分。

兵36

▼ 鼓勵成熟不足過動症

很多創意人才患有成熟不足過動症（Adult Deficit Hyperactivity Disorder，簡稱ADHD），這其實沒有聽起來那麼糟，ADHD有它的優點呢。創意人才的大腦往往太活躍了，如果真能把他們的腦子打開來，看看創意在他們大腦裡的運作情形，你會看到數百個點子在他們的大腦裡跳上跳下，爭搶關注，猶如稚鳥爭搶一條小蟲。但是，果真一個人嘗試處理這麼多的點子，其結果將是無數得不到注意與支持的計畫。

為了應付這種心智活動過旺的情形，多數經理人的做法是讓他們的創意人才專注於一個計畫上。在多數人看來，這樣做似乎非常合理。

其實不然。讓創意人才只專注於一個計畫，可能會讓他們感到洩氣、單調乏味，非但無助於他們的整體生產力，反而可能導致他們的生產力降低。我發現，若把創意人才的創造力只侷限於單一計畫上，他們往往會藉由上網、閱讀雜誌、在外閒蕩，或做其他能夠佔用他們心智活動的事情，來抒解他們的單調乏味感，結果，他們會懈怠你指派給他們的工作與目標。

因此，建議你應該同時指派給你的創意人才幾個計畫，這不是你會對一般員工採行的做法。指派多項計畫給創意人才，他們不但會覺得不那麼受限，而且經常能夠在同一期間內完成數項計畫。

創意人的頻寬極廣，你應該善用，他們也想要你善用它。讓他們同時投入於幾項計畫中，在一般人看來，這是承受不了的工作負荷，但對這些創意人才的生產力卻大有助益。但，切記：這個方法要奏效，前提是別訂定嚴格的計畫完成截止日期，這樣做反而會增添他們的恐慌，導致他們的頻寬縮窄。

大衛・貝里斯（David Bayles）和泰德・奧蘭（Ted Orland）在合著《藝術與恐懼》（*Art and Fear*）一書中，提及一項有趣的實驗研究：在一間陶藝教室裡，全班有一半的學員被告知要個別製作一個陶盆，並且據此評定成績；另一半的學員則被告知，將根據他們個別製作出的陶盆數量來評量成績。結果，最出色的陶盆出自後面這一半的學員，這是因為他們風險較低，可以實驗，而能樂在其中，盡情創作，他們製作出來的陶盆也更可愛有趣。反觀那些被告知只能製作一個陶盆的學員，因為整個成績都取決於單一項目上，感受較大的心理負擔，因而不願冒險，結果，他們的創作也跟著變得極度保守。

布許聶爾育才、留才TIPS

同時指派給你的創意人才幾個計畫，這個方法要奏效，前提是別訂定嚴格的計畫完成截止日期。

乓37

▼ 預告未來計畫

很多人會告訴你，他們只想知道他們在任何特定時點他們必須知道的東西。但創意人才不一樣，在指派工作給他們時，請預先告知他們有關於他們未來要負責的計畫的資訊。他們那永不止歇、高度活躍的心智會立刻開始思考未來，即使他們目前仍在進行手邊的工作，他們也會興致勃勃地開始為未來計畫動腦筋。

我們並不知道我們的大腦實際上能吸收多少資訊，卻依舊快活過日子，因為大腦的運作方式就是如此。但是若我告訴某人，他未來要負責什麼計畫，譬如是有關於消防栓的計畫，那麼在接下來六個月，他會注意他遇上的每一個消防栓，他也會開始去了解各種消防栓的細節與差別。他甚至可能不是有意識地去做這些事，不過，話說回來，我們通常並不知道我們的潛意識在做什麼。所以，即使還要再過一段時間才會開始消防栓計畫，等到實際展開這項計畫時，他其實已經超前了，因為他已經累積了不少相關的資訊與知識。

大多數的創意人才渴望能持續地從知識的水龍頭飲入知識，你愈滿足他們的這種渴望，他們愈快樂，並反映在他們的工作成果上。

舉例而言，一九七四年時，我們告訴雅達利的工程師們，六個月後，我們的所有遊戲產品必須能夠很容易地調整成符合歐洲的標準規格，但在此之前的這段期間，他們不需要做任何事。當我們著手準備開始這項計畫時，我們注意到，公司的所有工程師已經徹底了解歐洲的標準規格，而且已經有法子可以使規格轉換流程變得既簡單又省成本。我們原本以為這會是個耗時的困難計畫，結果，花不到一個月就完成了。

很多研究證實了這種預先通告的效益。加拿大英屬哥倫比亞大學（University of British Columbia）在二〇〇九年發表的一項研究結果指出，當我們在胡思亂想、做白日夢，或做那些「不需怎麼用大腦」的簡單例行事務時，大腦中負責解決複雜問題的腦區其實仍然很活躍地在背景中運作。這項研究觀察核磁共振攝影的大腦活動情形後發現，當我們如此使用我們的大腦時，所謂的「執行網路」（executive network），亦即大腦的外側前額葉皮質區（lateral prefrontal cortex）和背側前扣帶迴區（dorsal anterior cingulated cortex）會變得活躍，在背景中處理較需用腦的複雜問題或事情。

傑出的法國數學家亨利・龐加萊（Henri Poincaré）曾這麼敘述他如何解決一個困難問題：「某天早上，我在山崖上散步，突然想到，而且是那麼簡潔、出人意外、很確定的一個概念……一開始，最令人感到驚訝的是這種突然湧現的頓悟，顯然先前已經經過很長的無意識思考醞釀。在我的數學發明工作中，無意識思考的作用與重要性是無庸置疑的。」

所以，讓你的創意人才的大腦不停地忙碌著吧！切記，讓他們的大腦總是在無意識地活動中。

布許曇爾育才、留才TIPS

在指派工作給創意人才時，請預先告知他們有關於他們未來要負責的計畫的資訊。他們那永不止歇、高度活躍的心智會立刻開始思考未來。

兵38

經理人學習說有創意的話

如前所述，真正的創意英才特質之一是，他們有一定程度的智識自負。賈伯斯認為，他的每一個上司基本上都是白癡，當然啦，我也是其中一個。

不過，重點不在於誰比較聰穎，這又不是比賽，重點在於幫助這些人瘋狂地為你的公司創作。為達此目的，最好的方法之一是：別表現得像個白癡，儘量多了解他們，了解他們所做的事，最重要的是，學習用他們的語言說話。

換言之，如果某人正在研究某種高階科技知識，你必須起碼能跟他交談，譬如，若他正在開發新軟體，你至少要知道Python和Unix的差別。這並非指你必須對主題知之甚多，但你應該要**能問好問題，而且對答案有相當的了解**。

當經理人變成學生時，不但不會遭到嘲笑，還會贏得尊敬。**讓你的創意人才稍稍賣弄一下**，談論他們知道的東西，顯示他們有多聰穎，尤其是向他們的上司展現。在這些人心目中，他們的上司是有權有勢，但未必很聰明。

在這些創意人才鑽研的主題上，你永遠不如他們高明，但只要你能展現一些好奇心和一些知識，在他們眼中，你就能從這個知識領域的白癡提升為同路人。想要管理駕馭他人者，多半惹人厭，一點也不可愛；有心傾聽與學習者，多半討人喜歡，也可愛多了。

布許聶爾
育才、留才
TIPS

協助創意人才瘋狂地為公司創作，最好的方法之一是：學習用他們的語言說話。

兵39 ▼ 鼓勵玩遊戲與玩具

唯有讓人們有許多可以自在表達創意與點子的管道，他們才能發揮創造力。在雅達利以及許多其他公司，會議或其他聚會上總是會出現玩具。在一九八〇年為蘋果設計出第一個滑鼠的設計公司IDEO，鼓勵員工玩玩具以激發他們的想像力，該公司的辦公室裡放了很多自家設計的玩物「finger blaster」，這些外型有點像玩具槍的彈射器內含一條橡皮筋，橡皮筋突出於一端，用手指把這一端的橡皮筋向外推（類似拉彈弓那樣），這個彈性發射器就可以飛射出去，甚至遠達一百英尺外。

玩遊戲、玩具和猜謎，並非只是玩樂而已，對員工和經理人有種種助益。例如，圍棋和西洋棋這類遊戲有助於訓練提前思考（think ahead），在腦袋裡走一遍雙方接下來可能的棋步，以及多方位思考。玩樂高積木（Lego）之類的遊戲讓你練習從小構思起步，再漸漸擴建出更大、更奇特的東西。

就連玩具水槍或射飛鏢之類的玩具或遊戲，也有助於人們重返童稚，這很重要。許多人在成長過程中被所接受的教育抑制或磨蝕了他們的創造力，因為創造力太難駕馭、不遵循規範，因此大人們要求我們要自我約束克制，我們便聽從其教訓。但是，約束與克制得太甚、太多，導致我們多數人甚至沒察覺到我們在抑制自己。

玩具和遊戲則讓我們停止自我約束克制，並用我們大腦裡被壓制多年的相關腦區來思考，讓創意從中湧現（例如想像力的最深處）。

舉例而言，為了實現我創作的第一款遊戲**《電腦太空戰》**（*Computer Space*），我需要設計出一個外型奇特的遊戲機櫃，我使用了我當時特別喜愛的玩具——造型黏土，再加上木材，又裁剪了一些有機玻璃（當作螢幕），製作出我認為很酷的一種遊戲機櫃造型。我向我的夥伴泰德·達布尼（Ted Dabney）展示這個雖克難，但還算可以的模型，他找了一個人，照著這個模型，擴大尺寸，打造出玻璃纖維材質的遊戲機櫃。三週後，它變成了**舉世第一款商業化投幣式電玩遊戲**，我把它授權給納丁合夥公司（Nutting Associates），創造了大約三百萬美元的營收。我用這款遊戲的權利金收入創立了雅達利。

在我的消費性電子產品公司**艾斯隆**（Axlon），有一次，我們一群人在會議室討論開發一種新玩具，嘗試制定這個玩具的一些特徵。就在討論進行的當下，我注意到會議桌遠處那頭有位工程師正在用樂高實際打造這個玩具，他只是在打造外型，並不是玩具的實際大小，但他已經從我們的討論內容中理出了基本概念，並且當場打造出一個版本給我們看。有人建議上半部分應該再寬一點，很快地，會議室裡的所有人當場用樂高積木共同打造這個產品。

另一次，在**恰奇**，我告訴一名員工，我們要進行的一項計畫需要布置出一個看起來像森林的遊樂場。湊巧，這名員工收藏了很多「特種部隊」人偶（G.I. Joe，譯註：孩之寶〔Hasbro〕玩具公司生產的十二英寸軍事可動人偶），他把這些人偶拿來，用熱熔膠槍、紙膠帶、硬紙板，把它們拼湊起來，快速變出戲法！我們很快就得出一個非常精確的立體模型。在尚未實際開始這項計畫之前，我們就已經知道做得成。

布許聶爾育才、留才TIPS

玩具和遊戲讓我們停止自我約束克制，並用我們大腦裡被壓制多年的相關腦區來思考，讓創意從中湧現。

讓你的員工自己策展他們的玩具收藏，若由公司完全掌控這項流程，將會失去驚奇和趣味元素。不過，公司可以帶頭做，首先在會議室裡擺放一籃樂高積木，接著再加入一些彩色塑泥或「培樂多」（Play-Doh）黏土，也就是說，擺放乾淨、容易把玩、玩了之後丟回箱子裡即可的玩具。會議之後，允許員工把玩具拿回他們的辦公室繼續把玩，別擔心他們拿走後不歸還，要是玩具籃裡的玩具日漸減少，需要再補，公司應該感到高興才對。**讓你的辦公大樓裡到處都見得到玩具吧！**

丹麥樂高公司允許員工可以隨時玩樂高積木，甚至還設了展示檯，讓員工展示他們用積木打造出來的作品。

兵40

▼ 讓老是唱反調者起不了作用

創意會遭遇許多阻礙，但破壞力最大的阻礙之一是其他人。有句名言是這麼說的：「好創意最終被扔在剪輯室的地板上。」為何會這樣呢？因為其他人把那些好創意扔了。

法國哲學家、存在主義大師沙特（Jean Paul Sartre）說：「地獄就是他人！」這句話就不需要解釋了。

這些「其他人」是誰？他們是那些老是排拒創新或創意的人，他們滲透到每家公司，猶如白蟻入侵老舊建築，我很少看到不存在這種人的公司，我的公司也不能倖免。竅門是別讓他們進入你的公司，萬一他們已經入侵，你必須找到他們，設法使他們起不了作用。

其實很容易辨識出這種排拒者，他們老是阻止方案的推動，打壓新穎創意，抑制人們的想像力。他們靠著當公司的守財奴而取得權力與威望，他們裝出一付這麼做是為公司好的模樣（他們說，總得有人扮演魔鬼代言人啊），其實，他們之所以老是唱反調，是因為他們只懂得做這個，因為他們自己缺乏創意。

事實上，他們之所以能存活下去，是因為他們從不把脖子伸出來冒險，因此得以存活在他們的完美紀錄光環下。

當你核准一個新點子時，就代表你剛剛為一個可能的失敗擔起部分責任。若你一逕地否決一個又一個創意方案，你永遠百分之百正確；你沒蓋任何章，當然就不會發生你蓋了章核准的方案失敗的情形。不過，這麼做並不會使你顯得聰慧高明，只會使你變成障礙物。

在雅達利，我們只禁止說一個字：「不」。我不讓員工說這個字，任何笨蛋都會說「不」，說這個字，不需經過大腦思考。你要是不喜歡某個東西，那就去想出更好的東西。

如果員工覺得某個新點子不妥，我會讓他們只去思考如何使它變得更好，或是設法把他們的憂慮不安轉變成熱情支持。這項政策不僅避免有人淪為只是蓋上「不」字、否決方案的橡皮圖章，還形成了共同解決問題的風氣。這麼一來，就連那些老是唱反調的排拒者也必須設法變得富有想像力和創意，還得口齒伶俐、能言善辯到足以把他們口中的「不」變成「好」。

我發現，看到這些老是唱反調的傢伙認知到他們沒戲唱了，而急慌慌地努力變成問題解決者，還真有趣。我也發現，當他們之中的一個同類被炒魷魚後，其餘的人往往會變得較有建設性。當然啦，他們毫無建設地唱反調已經這麼久了，以致他們除了會說「不」之外，沒什麼其他特別擅長的了。

不過，我要再次提醒：創意人才多半不善溝通。事實上，一般而言，擔任溝通職務者未必富有創意，創意人才往往不善溝通，能言善道不等於智力。經理人對一個創新點子說「不」，往往是因為解釋這個點子的人不善溝通，所以千萬別因為經理人說「不」，就讓好點子從此埋葬，很有可能是因為沒有充分、適當地向經理人解釋這個點子。

布許聶爾
育才、留才
TIPS

在雅達利，我們只禁止說一個字：「不」。說這個字，不需經過大腦思考。你要是不喜歡某個東西，那就去想出更好的東西。

兵41

▼把反對理由寫下來

在企業界，天天都有極富創意的點子被埋沒。每一個被埋沒的好創意都值得我們哀悼惋惜，因為沒有好創意，就不會有我們所想望的未來，美好的未來不會是建立在糟糕的點子上。所以，我們應該力阻好創意被埋沒、被扼殺。

對此，最好的方法之一其實相當簡單：請人們把他們反對某個創新構想的理由寫出來。為什麼？因為人們的嘴巴太容易扼殺創意了。當有人提出一個新點子，其他人必須對此新點子表達他們的看法時，大多數人傾向於批評，而不是讚美它，這是人的天性，說「不」，比說「好」來得容易。

更好的做法是請他們把反對理由寫在紙上。要求人們寫下他們的批評，附上他們的姓名，這就迫使他們必須對他們的反對意見負起個人責任，因為有白紙黑字記錄他們認為這方案不好，如果這個點子真的付諸實行且成功了，他們的先見能力便會受到懷疑。如果他們只是口頭說出意見，日後，他們可以聲稱聽者誤解了他們的話，或聲稱他們只不過是附和他人的看法，或者提出其他託辭。

要促進創造力，你必須減少公司裡頭人們說「不」的方式。但是在大多數公司裡，掌握方案或計畫生殺大權的人往往是最無法明智分析這些方案的人，如果你迫使他們對自己的批評與反對負起責任，他們就比較不會那麼輕率地做出批評與反對。

白紙黑字寫下反對理由的另一個好處是，可以傳閱這些反對意見，讓公司其他人也提出他們的看法。此外，這種方法可以迫使人們更具體明確地表達他們的意見，例如，如果他們認為這個點子的最糟糕部分是成本，那麼要求他們把實際數字寫出來，將迫使他們做出更精確的估計，這也讓提出點子的人有機會做出更明確的答辯。

人們太常口出快言表達反對，實際上，很多的反對意見並不重要，他們只是有必須開口表示意見的壓力，卻並不承受意見必須正確的壓力。白紙黑字的意見陳述迫使人們必須清楚說明他們的反對意見，並且加上適切的分析。

舉例而言，幾年前，有家公司聘請我當創意顧問，我甚至在加州蒙特利灣的帕哈羅沙丘舉行了一場僻靜創思會議，心想，應該會像我早年在此舉行的那些會議一樣，成效斐然。

實則不然。在這家公司，員工嚴重敵視創意，但不是所有人都如此，我只花了一小時就辨識出有問題的經理人（十一位經理人當中的三位），如果這是我的公司，我會當場開除他們。但這不是我的公司，我無權這麼做。

因此，我決定讓他們現形。我請每位經理人各自在一張紙上列出他們最青睞和最不青睞的自家公司產品方案，並寫下他們可以如何改善這些產品方案，或者，對於他們反對的產品方案，他們打算如何修改好讓這些方案可行。

我的意圖是要他們以最正面積極的方式發揮創意，不留任何搖擺餘地。白紙黑字迫使你必須精確簡明地陳述，沒有誇張的肢體語言可作為掩飾。多數經理人討厭這麼做，但那些想要雇用和滋育創意人才的優秀經理人就非常樂於參與開發新東西、好東西的過程。協助改進、修潤一個點子，其價值與重要性不亞於提出

布許聶爾育才、留才TIPS

力阻創意被扼殺的最好方法之一是，請人們把他們反對某個創新構想的理由寫出來。因為人們的嘴巴太容易扼殺創意了。

點子本身，創意或構想通常來自某人，但讓所有人協助修改增色這個點子，是使它臻至卓越的最快速途徑。

我給所有經理人三十分鐘寫這個作業，不准彼此討論與合作，並告訴他們，我去海邊走走，如果有人想跟我談，可以來找我。結果，這三位害蟲全都來找我尋求進一步指導，坦白說，他們試圖糊弄、欺騙我。

一如我所預期，其他八位優秀經理人提出了一些優異見解，那三個害蟲寫的全是廢話和垃圾。但最令人感到悲哀的是，這三個害蟲全都擔任高階管理職，我納悶：怎麼會這樣呢？其實這種情形很常見，老是愛唱反調者雖不善創意，卻很擅長辦公室政治，他們不是靠他們的創意成功，而是他們懂得如何靠政治手腕來成功。這類害蟲更關心什麼對他們和他們的資歷發展有利，而不那麼關心公司的利益與前途。

作業完成後，我告訴這群經理人，他們雖然有許多相當不錯的建議，但也有一些糟糕的建議，我只討論最好的五個建議。接著，我告訴他們，下一次做這個練習時，我會向所有人大聲宣布結果與其作者，不再匿名。把姓名說出來，使得那些欠缺創意的人的風險提高，他們最怕的就是自己可能被指為是虛有其表的經理人。

這法子的功效猶如魔法般神奇，那三個害蟲變得非常積極，比以往更用心，因為他們知道，他們不能再只是武斷地表示意見，他們必須和部屬一起較量創意，他們已經無處可躲藏。

我後來跟那家公司的執行長交談時，提到我在僻靜會議中所使用的這個方法，他大笑著說，除了那三位經理人，其他經理人都狂讚那次的僻靜創思會議。如前所述，這些人具有優異的政治手腕，他們已經得知我稱他們為阻礙創新的害蟲。兩年後，我為那家公司主持另一場創思會議，那三位經理人已不在其中。

布許聶爾
育才、留才
TIPS

要求人們寫下他們的批評，附上他們的姓名，這就迫使他們必須對他們的反對意見負起個人責任。

PONG：排拒者vs.害蟲

他們聽起來很相似，不過，這兩類員工代表兩類不同的麻煩，壞消息是，有些人既是排拒者，也是害蟲。

老是唱反調的排拒者還未分析就反對，他們就是不想說「好」，他們愛說「不」。他們是那種照單抓藥者——他們知道以往奏效的處方，他們在那架構下成功，他們不想改變它，改變很危險，為阻止改變，最好的方法就是儘可能多說「不」。

害蟲的危害性更大，也往往較難辨識他們。他們一再把公司裡任何可能的新發展變得對他們本身有利，他們不關心這麼做是否對公司有利，萬一公司沉了，他們總是能找到新工作，因為他們一直都在為自己的履歷表和人脈下工夫。他們不在乎公司的利益與前途，他們不是為公司效力，而是為自身效力。害蟲極其狡猾，他們超愛也超會玩政治，他們有潛在的心理毛病。

乒42

▼ 把創意人才帶到有助激發創意之地

在雅達利輝煌騰達時期，投幣式遊戲業在多數美國城市裡有兩到三家主要通路經銷商，它們以產品線來區隔劃分。大多數遊戲公司在每個城市都有獨家經銷商，也就是說，例如在芝加哥，我們的競爭者會想盡辦法阻撓當地經銷商代理我們的產品。

雅達利樹大招風，我們心生妙計：何不乾脆製造一個我們自家的競爭者呢？於是，我們創立了一家名為「Key Games」的公司，它其實是雅達利百分之百持股的公司，但表面上看起來是雅達利的競爭者。Key Games的業務員找上每個城市的第二大經銷商，成為該經銷商的遊戲供應商，雅達利把工程部門開發的每項產品轉到Key Games，很快地，Key Games生意興隆，它和雅達利聯手攻下八〇%的市場佔有率。

這個大獲成功的妙計誕生自有次在溫水按摩池裡舉行的會議。當時，我新近錄用了一名行銷總監，那天天氣很好，我們決定在我位於加州洛蓋托斯（Los Gatos）的住家露天溫水按摩池裡討論行銷問題。我們的其他許多好點子也是在這個放鬆、寧靜的浸泡池裡想出的。

在現今的職場，你無法如此做，而且溫水按摩池興起於一九七〇年代，稱得上是老古董了。所以，你可以想想有什麼其他可以取代溫水按摩池的合適做法，可以讓你的員工沉浸其中並動腦思考。有助於激發創意的地點或時刻，可說無奇不有，且因人而異，例如，有大腦研究報告指出，邊走邊說，更有助於激發創意。也有人在梳理儀容時，靈感特別好，愛因斯坦曾說，他的許多最傑出概念產生於他在刮鬍子的時候，所以他在刮鬍子時得非常小心，以免突然想到一個絕妙點子，因為驚奇而刮傷自己。

完形心理學家沃夫岡．柯勒（Wolfgang Kohler）在一九六九年的一場著名演講中談到，創意經常出現於三個B環境：「巴士（bus）上、浴室（bath）、床

（bed）上」，他舉了三個著名例子：希臘哲學家阿基米德在洗澡時發現了浮力原理；德國化學家凱庫勒（Friedrich Kekule）在睡夢中夢見了苯分子的環狀結構；數學家龐加萊（Henri Poincaré）在巴士上想出他的最重要數學發現之一。

我和我的許多員工也曾在這三個B環境中靈感突現，想出好點子。事實上，我發現，**光是讓員工去活動活動，讓他們在不同的環境下工作，就足以使他們想出許多新點子**。所以，我以前常帶員工去滑雪、去海邊走走，或是去山上，去任何我認為可能有益於他們思考，並在不同體驗中激發靈感的地方。

恰奇餐廳的最重要創意之一，源於我們認知到我們還未創造出夠多可以讓小小孩做的事情，他們年齡不夠大，無法玩很多遊戲，可是，如果他們在恰奇餐廳裡不快樂，他們的父母就不會再帶他們來。於是，我們在一次滑雪之旅的圍爐聊天中，想出了關建爬彩球遊樂場的點子。

eTak是第一家把世界地圖數位化的公司，該公司開發出來並取得專利的導航系統事業計畫書，是在我船上的海圖桌上寫成的。那天，我和工程師友人史丹·何尼（Stan Honey）航行於太平洋，我們正在等候一個衛星導航定位，在那

布許聶爾
育才、留才
TIPS

完形心理學家柯勒指出，創意經常出現於三個B環境：「巴士（bus）上、浴室（bath）、床（bed）上」。

個年代，唯有當衛星在正上方時，才能取得此功能。史丹是一位非常傑出的發明家，他的最佳發明之一是仿真線（artificial line），就是在電視轉播足球賽時，你在電視螢幕上看到的球場上標示線，很多人以為那些線是真的畫在球場上，其實不然，那是用數位技術呈現於螢幕上、幫助觀眾了解比賽戰況的標示線。

深夜至清晨四點間，史丹和我正在處理一些導航問題，我們聊到在路上行車跟在海上航行的差別，以及如何使兩者都變得更輕鬆容易的方法。在擁擠的小船艙內，燈光昏黃，我們一杯接一杯喝著咖啡，翻閱新式汽車導航系統，直到問題解決。後來，我們開發出的eTak導航系統是第一套具有實用價值的商用汽車導航系統（為現今GPS汽車導航系統的前身），我們也開發出數位地圖和繪圖軟體，並在一九八九年把eTak賣給梅鐸（Rupert Murdoch）的新聞集團（News Corporation）。（譯註：布許聶爾給史丹五十萬美元種子資金，讓他在一九八四年創立了eTak。）

其他許多公司也認知到，**讓創意人才走出辦公室，前往更能啟發靈感的地方，對他們的創造力和生產力大有助益**。例如，**賀軒卡片**（Hallmark）的專業創意部門表現傑出，直到一九八〇年代，當公司的獲利力和創造力開始下滑。賀軒在一九九四年新聘一位創意總監，要他設法重振公司的創造力。這位創意總監把旗下部門三〇％的時間與資源提供給員工充電，員工可以帶薪休假，可以前往歐洲進行研究考察，可以在工作時間做自己愛好的活動，或只是散步至附近一座農場新設的靜思園。

此舉奏效，賀軒的淨營收開始穩定攀升，從一九九四年的三十億美元提高到一九九七年的三十七億美元。今天，這家未上市公司的營收近四十一億美元。

別強迫你的創意人才整天坐在辦公桌前，讓他們置身於更有趣、更能激發創意靈感的環境中，他們愈可能想出有趣、有創意的點子。

布許聶爾
育才、留才
TIPS

我以前常帶員工去滑雪、去海邊走走，或是去山上，去任何我認為可能有益於他們思考，並在不同體驗中激發靈感的地方。

乓43

▼為富人打造產品／服務

往往，人們的創意過程始於最佳意圖，但又立即被一個附帶條件所束縛；他們說，他們想創造一個很棒的產品或服務，但……必須是人人買得起。

這似乎有道理，若你的產品或服務價格太高，如何能攫取廣大市場？因此，當公司打起算盤估算它們的潛在成本時，它們認為若沒有廣大的商業市場，就不能推行這項新產品或新服務計畫。於是，很多很棒的新產品或服務點子，因為擔心進入市場的價格太高，遭到棄置。

其實，為富人打造很棒的產品或服務，是相當合適的，許多成功的產品，問市早期都索價不菲。

所以，不妨換個想法如下：我只為那些有錢可燒的富人打造這個產品或服務。這麼一想，你就能擺脫自我設限者加諸於創意上的一大束縛。

事實上，開發新產品或服務的計畫，最終的定價未必如當初想像或估計的那麼高。很多起初看來成本過高的構想，到頭來成本並不高，因為隨著計畫推進，計畫團隊學到更多，而愈能找到降低成本的方法。

不過，就算計畫最終打造出來的產品或服務索價昂貴，也不要忘了，創新之路往往先要穿越富豪區。有錢人是最早唯一用得起電話、飛機、汽車和電腦的人。有錢人總是尋找能使他們的生活更輕鬆、更有樂趣，或更有生產力的新產品與服務，創意人才為他們發明這類新東西。

若產品好，價格通常會逐漸遞減，很多昔日昂貴的產品或服務，如今已變得很廉價。以腳踏車為例，一八六〇年代時，巴黎鐵匠皮耶·米蕭（Pierre Michaux）打造的一輛腳踏車要賣兩百五十法郎，他的最早顧客都是貴族。直到二十世紀初，腳踏車依然是有錢的年輕人才買得起的高價玩具，後來，像西爾斯（Sears, Roebuck & Co.）這類百貨公司終於找到廉價製造與銷售腳踏車的方法。早年，如果你騎腳踏車時不慎扯破了衣服，如果你有縫紉機可以把衣服修補好，那稱得上是很幸運了，十九世紀時，縫紉機對多數人而言是昂貴奢侈品，在平均年所得為五百美元的年代，一台縫紉機售價一百二十五美元。但是，到了二十世紀中期，八五％的美國家庭都擁有一台縫紉機。

美國工程師波西．史班塞（Percy L. Spencer）在一九四七年發明出來的第一台微波爐高約六英尺，重達七百五十磅，看起來就像現今的一台電冰箱，售價約相當於今天的三萬美元，只賣給商業客戶。就算是一九五〇年代中期推出的第一批消費性微波爐，售價也高達約相當於今天的一萬五千美元。但今天，超過九〇％的美國家庭擁有微波爐。

再給一個更近的例子，ＩＢＭ的「華生」（Watson）電腦是一部售價三百萬美元的超級電腦，這部機器了解人類語言，能像人類般思考，甚至於二〇一一年在益智問答節目《危險境地》（*Jeopardy*）中擊敗該節目史上最強的兩位冠軍。這部超級電腦目前被醫療保健業試用於協助醫療專業研究和癌症治療，但已經有人談到，不出幾年，ＩＢＭ也許能開發出這部超級電腦的攜帶型消費者使用版本，價格與現今的幾百萬美元相比，將是小巫見大巫。

布許聶爾育才、留才TIPS

有錢人總是尋找能使他們的生活更輕鬆、更有樂趣，或更有生產力的新產品與服務，創意人才為他們發明這類新東西。

如果你能創造出使中產階級過得猶如富人般的產品或服務，幾乎可以肯定會成功，這也是谷歌汽車將會成功的原因之一，因為它會自己駕駛，中產階級等於有了私人司機，在路邊下車後，車子會自動去停車。

兵44

▼ 每天每時改變

音樂家法蘭克・札帕（Frank Zappa）在一九八〇年代期間覺得自己進入了創意枯竭期，於是他想出了一個計畫：不再每天早上於同一時間起床，改而每天比前一天晚一小時起床。這表示，十二天後，他將在晚上八點才起床，吃早餐，工作，大約深夜一點吃午餐，中午時上床，翌日晚上九點起床……，依此類推。札帕說，這種行為模式幫助他獲致新創意，試想，在這種新的作息時間與模式之下，他怎麼可能不會以新方式和新角度來看待人事物呢？

讓你的創意人才仿效札帕，當然，這未必是指改變他們的日常作息時間，畢竟，這會導致辦公室工作變得有點難以管理。我指的是讓創意人才變化他們的生活，儘可能讓他們的心智保持活躍。鼓勵他們每天找一條新路徑來上班，或是要他們改為步行、騎腳踏車，或溜滑板上下班；建議他們開車行經不同的街坊；去不曾光顧的商店購物；步行經過他們不曾走過的地區，停下腳步跟不同的人打招呼。鼓勵他們去嚐嚐新食物；在他們的用詞中增加新詞彙；戴新造型眼鏡；穿不同風格的衣服；改變星期五才能穿便服的規定，讓他們在星期五之前穿著他們從未嘗試過的全新穿衣風格。為員工提供奇怪的上班時段；讓他們可以自由地對他們的辦公空間做一些瘋狂改變；叫他們把他們的座椅轉過來，反向而坐；或是重新安排他們的辦公桌；或是躺在地板上。不論是什麼樣的改變，目的是讓大家的大腦能以儘可能多的不同方式運作，擺脫常態的桎梏。

高效能人士的習慣鮮少是富有創意的習慣，具有重度習慣的人往往不會想出原創點子，因為他們致力於做到規劃周詳的工作與生活型態。**若你只想要執行力，那麼一貫性是好東西；但若你想要的是狂野、非凡、無拘無束的創造力，一貫性就是破壞物。**

當我處於執行工作狀態時，我會變得高度專注，回復到經證實於我是有效率與成效的例行作息上；但當我處於創思或創作狀態時，我的作息就會變得儘可能不拘，我會改變作息，變得較常在晚上思考與工作，創意便會開始湧現。

類似這樣的改變，目的是要讓大腦換個方式思考，大腦本身不想這麼做，所以你必須創造引導讓大腦這麼做的環境。所以，設計一個能讓你的創意人才的大腦更賣力運作的環境，促使他們以不同方式思考，用一種有趣的方式創作。規律性和一致性愈高，就愈容易千篇一律；改變愈多，差異性就愈大。

布許聶爾
育才、留才
TIPS

鼓勵創意人才變化他們的生活，保持心智活躍。

乓45

▼擲骰子做決定

美國作家喬治·考克拉福（George Cockcraft）在一九七一年時以筆名「路克·萊因哈特」（Luke Rhinehart）出版了一本自傳體小說《骰子人生》（*The Dice Man*），內容敘述一位精神病醫師突發奇想，用擲骰子來決定人生中的重要決定（譯註：這本書的內容以主人翁路克·萊因哈特為第一人稱來敘事，故為自傳體小說，喬治·考克拉福本身擁有心理學博士學位，在大學教授心理學課程時，心生以擲骰子來過生活的構想，並開始進行了長時間的實驗，成為寫作這本小說的素材）。這本小說大獲成功，被英國廣播公司（BBC）評選為二十世紀下半葉五十本最具影響力書籍之一。不過，用擲骰子來做出重要決策，這個點子從未流行起來，嗯，如果不把下面這個包含在內的話：探索頻道（Discovery Channel）

在多年前推出一個名為《骰子人》（*The Diceman*）的旅遊節目，主持人以丟骰子決定他們要去哪裡，以及要做什麼。

我倒是認為，這種做法應該流行起來，由擲骰子決定你要做什麼，這是很棒的點子。

我之所以這麼認為，係因**我們全都傾向無意識地選擇了自己的應辦事項**。例如，如果你是那種習慣把自己必須做的事列出來的人，那麼在列出這些待辦事項時，你很可能會下意識地依循你向來採行的模式，譬如，你可能把很容易做，或是你最感興趣，抑或你可以找到別人協助的事項擺在優先。不論你選擇採行哪種優先順序，它反映的是支配、左右你的生活與工作的一種模式。

但你未意識到的是，由於我們全都傾向一再做出相同選擇，導致我們陷入自己的窠臼裡。這些窠臼不會把我們導向更富創造力，它們只會導引我們一再以相同方式做相同的事，形成惡性循環。

所以，我鼓勵公司偶爾嘗試使用擲骰子做決定。用擲骰子來隨機化，可以擺脫你的下意識意志，得出不同於根據你的自然欲望來安排事情所獲致的結果。

你也會發現有一些事項被自己一再推拖延遲，但你一直未充分察覺到自己在這麼做。當你把決定權交給骰子之後，你就無法再拖延這些事了。

以下是我喜歡採行的做法：我列出一份可能的應辦事項清單，把這些事項編上骰子點數號碼，然後擲骰子，若擲出十二點，我就必須做編號十二事項。我使用的是《龍與地下城》（*Dungeons and Dragons*）遊戲的骰子，因為這種骰子有二十面，這樣，我就可以把很多我不想做，或以往從不認為重要的事項包含在內。不過有很多次，我把這類事項列入清單後，骰子就選上了它們。我也發現，完成這些事項對我的工作與生活產生了出乎意料的顯著影響。

你現在閱讀的這本書，就是擲骰子之下的產物。不久前，我決定自己必須做點什麼來活動我的大腦，讓自己朝一個新方向移動。於是，我把可能的選項列出來，包括玩高空跳傘、攀登非洲最高峰吉力馬札羅山（Mt. Kilimanjaro）、去印度住上一個月、向一位日本大師研習我喜愛的圍棋、撰寫一本書等等。我決定，不論骰子要我去做什麼，我就去做。結果，骰子要我去寫一本書，我就踏上這條路了。

布許聶爾
育才、留才
TIPS

由於我們全都傾向一再做出相同選擇，導致我們陷入自己的窠臼裡。所以，我鼓勵公司偶爾嘗試使用擲骰子做決定。

我很喜歡擲骰子所能成就之事，我們的人生有這麼多不同的路徑可走，但我們只在外圍看著它們，我們應該去涉入、去探索，如果你沒有勇氣這麼做，那就擲骰子吧，讓骰子為你開啟能力與興趣的新視界。擲骰子將大大擴增你生活的豐富性。

兵46

▼ 避開繁複的絆腳流程

長期下來——如果你的公司夠幸運而得以長期存活的話，每家公司都會在流程與結果之間發展出一個平衡行動。但是，這樣做的結果往往吻合「非預期之後果」（unintended consequence）法則：有意圖與目的的行動往往導致完全出乎意料的結果。自人類開始展現規劃行為伊始，就存在「非預期之後果」這種概念，但遲至二十世紀，美國社會學家羅伯・莫頓（Robert K. Merton）才立論此概念，並蔚為風行。在現代企業界，此法則所呈現的現象是：愈是建立規範性架構，組織的作業流程愈可能產生反效果，導致生產力不增反降。若非如此，世上所有流程都會是有益、有用的，其實不然。

舉例而言，如果你的公司規定，所有採購都必須由採購部門經手，你公司的採購流程作業時間可能會增加五天至一個月。如果公司裡有人急需一個零件，他必須填寫申請單，直到走完該走的採購流程。他不能直接去商店或上網，用現金購買這個零件。

另一方面，透過採購部門購買該零件，他可以取得較便宜的價格，因為採購部門可能花了好些時間與供應鏈討價還價。但是，等到他拿到零件時，已經耗掉了兩個星期。

在對創造力的需求和流程之必要這兩者之間，必須取得及維持一個合理的平衡。如果公司要花三美元成本的文書作業流程，和五個星期的時間去採購一支十美分的筆，那麼這家公司最終將無以為繼。

在雅達利，我每週都會到處走動視察，有一回，我發現一項產品的開發進度延遲，每週的進度節節落後，眼看就要趕不上我們的秋季商展。調查後，我發現，工程師弄壞了一個關鍵零件，這個零件的進價是十五美分。當時，我們經常往來的供應商因為貨源不足，而改採配給方式，我們的採購部門雖下了訂單，卻一直在等候中。我們的一位新進經理人告訴工程師，他們一定要透過採購部門採購零件，不得例外，他的這個規定無意中導致我們的產品發展計畫於秋季商展逼近之際，延誤超過兩個星期。於此同時，附近街上的零售店就能買到這個零件。

如果使用的是新零件，而且該新零件又尚未進入到我們的定期採購流程的話，狀況會更慘，因為採購部門可能仍然處於冗長的大量採購議價階段，尚未下訂單，新產品原型的打造可能得因此多花一個月。

流程不是壞東西，但阻礙成長的流程就不是好東西。

可是，如果公司是從外部聘進經理人，那麼他們一開始往往是效法前公司的流程，你必須開導他們，那些前公司的舊流程既不必要，也沒助益。但這並不容易，人們想要制定流程的意念往往遠大於去除流程的意念。

經理人沒有惡意，他們只不過是想要透過某種方式來解決問題，以免重蹈覆轍。但不幸的是，他們制定的程序很可能過度嚴謹，反而導致了某種形式的隱藏成本。如前所述，流程往往導致個人創造力與速度減緩，流程的執行成本往往大於預期中流程可以幫助節省的成本。

布許聶爾育才、留才TIPS

現今的市場需要速度，沒有速度的創意，毫無價值。

在雅達利，我們錄用的員工幾乎全都來自作業流程比雅達利繁複的公司，因此，當新進員工想在我們的組織中制定更多的流程時，我總是問：「這個流程何以能加快我們的作業速度？」這個問題往往令他們為之語塞，他們幾乎都能解釋一個流程如何幫助省錢，但很少能夠回答得出一個流程如何有助於加快作業速度。

現今的市場需要速度，不論你的公司屬於行銷業、製造業或服務業，速度贏過一切。在創新與變化速度飛快的今日，不聚焦於速度，你的構想或計畫毫無成功機會，沒有速度的創意，毫無價值，舊規定和標準作業程序不會促成創新。

乓47

▼ 漫遊維基百科

我常聽聞公司不滿與責怪他們的員工在上班時間上網，它們要求員工專注於工作，別老是流連於網路上！

這是不正確的。你的創意人才無法把他們的所有時間全都聚焦於你想要他們解決的某個創意問題上，多讓他們的心智到處悠遊，他們愈可能湧現創意靈感。

這麼做的最佳途徑之一是鼓勵他們上維基百科（Wikipedia）隨意漫遊，這個線上百科全書存放的知識比我所知的世上任何一個地方還要多，你可以把它視為一個知識詞庫，就如同你會去詞庫裡查詢一個新的、特別的、令你不解的字，你也可以上維基百科網站去查詢新的、特別的、令你傷腦筋的主題。

比如說，你正在為一項行銷方案思考抽象藝術，你在網路上看到一個關於視覺語言的連結，你之前從未想到過這方面的東西。點了這個連結，你在新開啟的網頁上看到「完形心理學」（Gestalt psychology），你點了它的連結，你在另一個網頁上看到「控制論」（cybernetics），點進這個連結，你接著看到「人工智慧」（artificial intelligence）。此隨機瀏覽路徑使你看到了一種創作廣告的新方式，這種新方式是立基在你以前不知道的一些理論上。

創意鮮少能像數字般可以量化，任何產品或計畫的發展過程中有很多的因素摻入其中，有些因素很明顯，但多數因素不是那麼顯而易見。如果我們談的是量子力學，我們會說，任何實體皆為可能性雲層所環繞；任何概念或創意也一樣，為可能結果的雲層所環繞，可能與其中任何一個部分有關，諸如顏色、現狀、功能，或帶給人們的感覺。

有時候，最具啟發性的可能性，並不在核心地帶，而是在不顯眼的周邊旁側地帶。你取得了一個新觀點，並從不同角度來看手上的計畫，可能就突然看到了原本不明顯、看不到的計畫完成方法。

為促進你的創意人才在從事任何計畫時開啟可能性雲層，鼓勵他們隨意漫遊維基百科，或是任何其他這類兔子洞，哄勸他們去探尋與檢視周邊一些不是那麼直截了當的可能性，鼓勵他們以更寬廣的視角來檢視手邊的課題。

你自己嘗試幾次後，你會驚訝地發現，隨意漫遊竟然能夠提供大量的點子靈感。

PONG：逛逛博物館

若你的住家或辦公室附近有類似維基百科之類的實體場所，例如很棒的博物館，你應該去逛逛。

我從賈伯斯身上學到這個竅門。時間是一九八〇年代的某天，我當時正沿著紐約第五大道步行前往惠特尼美國藝術博物館（Whitney Museum of American Art），突然看見賈伯斯從一輛計程車下來。雖然，我們兩人都知道對方偏好獨自逛博物館，想停就停，想走就走，沒有遷就同伴的壓力，但那天，我們還是決定一起逛博物館。

布許聶爾育才、留才TIPS

多讓創意人才的心智到處悠遊，他們愈可能產生創意靈感。

我很快就發現，**賈伯斯跟我一樣，在現代博物館裡獲得很多創意靈感。**我們兩人都喜歡極富想像力的作品，討厭那些我們認為不過是美化了外表的垃圾，但我們兩人有個不同點，那就是**賈伯斯喜歡非常簡單的東西**，而我則是喜歡較複雜的藝術品。賈伯斯喜愛雅緻的單純，他告訴我，**他希望他的所有員工都能去看看簡單、純粹的藝術品。**

賈伯斯也告訴我，他前一天去逛了大都會藝術博物館（Metropolitan Museum of Art），他的筆記本裡寫滿了如何修改他手邊正在做的東西的行銷與設計點子。我不知道是哪些藝術作品給了他什麼樣的靈感，**但我確知的是，逛逛博物館能夠帶給任何人靈感。**

兵48

▼ 別讓會計人員礙事

創意工作者經常抱怨會計部門人員，絕大多數時候，他們的抱怨是有道理的。你偶爾會遇上一個明白事業經營並非只講數字的會計人員，要是你遇上了，請好好珍惜，因為這樣的會計人員非常罕見。

絕大多數的會計人員對創意工作者很不友善，這並不是他們的個性使然，或是他們與他人相處的能力欠佳，這只是反映了會計人員的目標：看緊錢，吝嗇花錢。他們對創意不感興趣，他們感興趣的是投資立見回報。你要是試著向會計人員解釋，你的這個新創意有多麼棒，有朝一日可能會為公司賺大錢，你只是不知道這一天何時到來，他們鐵定是眉不抬，心不動。

一般來說，財務部門對公司營運的控管權過大，他們是錢的看門狗，他們不說ＯＫ，你就拿不到錢。有時候，他們不說ＯＫ，有其好理由；可有時候，他們只是無端不說ＯＫ，或是理由不當；有時候，他們什麼都不說，是因為他們沒有獲得適當的授權或書面文件，但他們不告訴你原因，於是你便一直枯等下去，卻什麼消息都沒有。

我注意到，那些職涯始於財務工作的人，往往對創新工作有害。他們使用財務術語來抬高自己的份量，他們喜歡在還未聆聽新計畫的細節之前，就抨擊新計畫太花錢或財務風險太高。此外，在公司出問題時，董事會往往拔擢公司的財務長執掌公司，這通常不是一個很好的解決之道，如果公司的一切作為與目的全都著眼於撙節成本，那麼所有新點子都將流產。

因此，如果要說有哪個部門最可能抑制或扼殺創意計畫，那一定是會計部門（亞軍是採購部門和人事部門）。你只需要再多一點點錢，就能讓你的創新點子開花結果，而且你需要儘快取得這筆錢，以便能夠搶在另一家公司之前讓產品或服務問市，可是財務部門告訴你，預算規劃必須凍結所有支出一年。你被打敗了。

我並不是說公司不應有會計人員，任何企業都不能沒有會計人員。但是，務必要求會計人員就專心在他們的會計工作上，創意工作者就致力於創意工作上，彼此井水不犯河水。若會計人員堵塞了公司的創造力，就等於堵住了公司的前景。

我對會計部門的忠告是：任何新計畫都有財務風險，請認清並習慣這個事實。想辦法找出可以檢測未知數，將不確定性降至最低的方法。讓創意暢流，用意想不到的方法解決問題。

布許聶爾育才、留才TIPS

如果公司的一切作為與目的全都著眼於撙節成本，所有新點子都將流產。

兵49

偶爾放個意外假

公司營運順利，公司文化似乎很健全時，往往會發生一個很奇怪的問題。一些公司抱怨它們的員工工作不夠努力，但成功往往會導致員工工作得太賣力，很多人也許不覺得這是個問題，實則不然。成功往往會促進這樣的文化：員工感覺被驅策追求更多的成功，更多的成功之後，還想要有更多的成功，漸漸地，公司變成以錄用賣力工作者聞名。

當人們工作得太賣力時，他們會漸漸疲乏，於是他們開始犯錯，開始失去鎮定力。他們的眼力也變差，無法區別大問題和小問題，每件事和每個問題看起來都難以招架，導致緊張焦慮，而緊張與焦慮是創造力的天敵。

創意人才和其他人的最重要差異是創意人才具有傑出的判斷力，判斷力是一項很嬌貴的技能，有充足的睡眠、適當的飲食和鎮定力，才能發揮最佳判斷力，欠缺這些，很難發揮判斷力。

你可不想讓你的創意人才失去判斷力，**在工作負荷過重的公司裡，會發生的最糟問題之一是疲勞性近視症**。

在商貿展之後或一段特別辛苦的工作期間後，我常提前幾天宣布，公司下週一或週五不上班，讓大家多放假一天。員工愛極了這樣的假期，甚至比那些早就規劃好的假期更受歡迎，因為這是意料之外的放假。為了增添這類意外假的奇異性，我常把它跟某個傑出人物的誕辰相關連起來，宣布為了慶祝與紀念此人的誕辰——例如傑出數學家暨科學家帕斯卡（Blaise Pascal），大家放假一天，人人都應該去認識與了解他。

還有其他種種方法可以為你的創意人才製造驚喜。我有一次租了一架波音727，把所有人載去迪士尼樂園，大家玩得很開心，暫時忘記自己是成年人，彼此像小孩般一起玩樂相處。

現在，很多績優企業競相找法子讓它們的創意人才快樂、消除疲累，和重振創造力。許多矽谷的公司包下戲院，在首輪電影上映前夕於深夜招待全體員工觀賞。位於芝加哥的內容行銷代理商**想像出版公司**（Imagination Publishing）經常隨機發出意料之外的電子郵件通知員工，全公司星期五放假一天。不久前的一個秋季週一，該公司突然讓員工提早幾小時下班，讓他們回家收看芝加哥小熊隊（Chicago Bears）的比賽。

也有公司乾脆讓員工自行創造意外假，例如**耐飛利**（Netflix）提供員工給薪、不限天數的休假。該公司說，這項政策明顯提升了員工的生產力，以及生活與工作的均衡。據估，目前有一％的美國企業實施不限天數休假政策。

有創意些，每當念頭或興致來了，就給員工放個意外假，設法跟公司的業務連結。例如，如果你的公司是一家廣告代理商，當公司代理的一個廣告創造了病毒般的宣傳成效時，讓員工放個假。如果你的公司是一家科技產品公司，當退貨減少或銷售一空時，讓員工放個假，分享這份喜悅。

布許聶爾育才、留才TIPS

在商貿展之後或一段特別辛苦的工作期間後，我常提前幾天宣布，公司下週一或週五不上班，讓大家多放假一天。

乓50

▼

匯集各部門人員交流或合作

一九七七年的深秋，雅達利面臨令多數公司妒羨的問題：生意太好。我們沒有足夠的夜班人員可以處理耶誕節的大量訂單，因此我們決定，有兩個星期，全體員工的工作量會比平日辛苦許多。我們的規劃是：所有員工必須在下午進公司，用一個小時處理他們必須要做的任何事情，接著就去生產線接手夜班生產作業。

結果，那兩個星期不僅非常有趣，還改善了我們的產品。首次上生產線的工程師得以看到他們設計的產品的實際組裝作業情形。舉例來說，一個螺絲釘要用螺絲起子轉三次以上才能鎖緊，這種作業缺乏效率，但工程師們發現，有些螺絲釘得轉十次以上才能鎖緊，效率更差，於是他們做出修改以提升效率，他們還做出了其他約一百五十個修改。銷售人員根據在生產線上工作時學到的東西，找到了許多銷售產品的新方法，結果提高了銷售量。會計人員也很機伶，發現了省錢的新方法。

所有人都學會了去激賞製造流程和製造人員，因為公司主管花一樣的時間，生產量僅及製造線員工在一個輪班時間內產量的七成。有些主管過去一直認為製造線員工工作懶散，但他們親赴生產線後，很快就發現，製造線員工其實發展出一套有效率的動作，而這些主管就是沒辦法複製這套動作。人人敬重彼此，公司整體的創造力顯著提高。

這項實驗太成功了，所以我在別處也如法炮製。例如，在恰奇，每位新進員工每週至少有三天必須在餐廳實作披薩，過了密集訓練期後，才改為一年一次。

試試看，讓你的創意工作者跟著銷售人員一起實地銷售；邀請會計人員參加創意會議；讓經理人飛去偏遠的經銷商那兒，或去業績不佳的前線，實地了解情況。班騰出版公司（Bantam Books）前總裁暨執行長奧斯卡．戴斯特（Oscar Dystel）是出版業史上最傑出的出版商之一，他曾經要求該公司的編輯跟業務部門人員一起外出拜訪客戶，以幫助他們更加了解市場，也讓業務人員有機會告訴編輯，他們對於編輯所挑選的書做何感想。

布許聶爾育才、留才TIPS

人人相互敬重彼此，公司整體的創造力顯著提高。

乒51

▼想睡就睡

睡眠是人類最必要、最重要，也被研究得最多的生理機能之一，卻也是職場上最受忽視的生理機能之一。

人應該整個白天清醒，晚上睡覺七小時，這其實是現代觀念，是那些分秒必爭的老闆和床墊業出現後發明的觀念。實際上，幾乎整個人類史，我們是多段式睡眠者：一天二十四小時期間裡，有多段睡眠。直到不久前的近代，人類至少還是兩段式睡眠者呢：白天小睡一段，晚上大睡一覺。

人類的睡眠節奏並非一定就是長睡多小時後，接著不眠更多小時。我們每天應該有七至九小時的睡眠，但不必全集中於一個時段，連續睡上這麼多小時，只要在二十四小時期間裡有這麼多的睡眠就行了。

我認為，我們至少應該在下午小睡一下，使頭腦恢復至最清澄狀態，以展現最高生產力。日本許多公司打從很久以前就已開始提供讓員工小睡的設備，美國也一樣，有前瞻思維的公司設置了提供軟墊、讓員工小睡一下的房間，或是提供昏暗空間，讓員工可以在裡頭打個盹，也讓想在公司待到深夜或過夜的員工有個地方可以睡上一覺。思科系統（Cisco Systems）、寶僑（Procter & Gamble）、谷歌等公司購置「豆莢躺椅」（EnergyPod），這種特殊躺椅的一端有個圓形艙可以隔離噪音及光線，讓員工可以在有需要時躺上去小睡一下。

前文提過，任職雅達利時，賈伯斯把摺疊式床墊帶來公司，我常見到他睡在工作檯下。我的其他許多創意人才也一樣，**讓他們自由地隨著自己的體能狀態與需要而工作或睡覺，他們的工作表現最佳**。

神經學家尤瑞奇・華格納（Ulrich Wagner）和詹・伯恩（Jan Born）在二○○四年於《自然》（*Nature*）期刊發表的研究報告指出，**快速動眼期（Rapid Eye Movement，簡稱REM）的睡眠階段有助改善人的解決問題技能，可以提高**

四〇%。加州大學聖地牙哥分校睡眠權威莎拉・梅尼克（Sara Mednick）及其他研究人員共同進行的一項研究也得出相似的發現，這項研究報告收錄於《美國國家科學院論文集》（*The Proceedings of the National Academy of Sciences*）。美國太空總署不久前進行的一項研究也發現，**二十六分鐘的打盹使機師的表現改善三四%**。如果你想看更多的證明，上谷歌輸入搜尋關鍵字「sleep and productivity」，可以獲得約八十萬筆結果。

所以，如果你想要你的創意人才展現最佳工作成效，你必須提供下列物品（或讓他們自由帶這些東西進公司）：床、墊子、暗房、遮眼罩、耳塞。需要多少時間的小睡呢？因人而異。睡眠有五階段：第一階段、第二階段、慢波睡眠期（Short Wave Sleep，簡稱ＳＷＳ，包含第三及第四階段），以及快速動眼期（第五階段），打盹的人至少應該進入第二階段，因為這個階段的睡眠有助恢復及提高我們的警覺度。我們進入睡眠第一階段約兩到五分鐘後，就進入至第二階段，大約要睡上二十分鐘，才會進入慢波睡眠期，這段睡眠期的時間最長，最後才進入幫助改善記憶、知覺與感官敏銳度的快速動眼睡眠期，一整個睡眠循環大約歷時一個半鐘頭。（譯註：一個睡眠循環係指歷經這五階段，八小時的睡眠過程

布許聶爾育才、留才TIPS

我認為，我們至少應該在下午小睡一下，使頭腦恢復至最清澄狀態，以展現最高生產力。

中，腦部歷經約四到五個睡眠循環。）

我希望本書讀起來津津有味，尚未令你昏昏欲睡。不過，如果現在是白天，放下書，去小睡一下也不錯！

◉結語

最後一個建議

預測未來的最佳方法就是創造它。

——電腦科學家艾倫・凱伊（Alan Kay）

如果你採行本書提出的建議：修改你公司的官僚體制，簡化創意工作的指揮鏈、建立一個獎勵創新，並使排拒者發揮不了作用的工作環境、經常舉辦聯歡會、鼓勵員工玩遊戲與玩具……你就能塑造出滋育創造力的工作環境，吸引下一個賈伯斯應徵你公司的工作。

更好的情況是，下一個賈伯斯已經存在於你的公司。不過，很可能發生的問題與現象是：在你公司的層級制度和繁文縟節之下，他們的創造力正在枯萎，他們的靈感被你的管理團隊摧毀，他們的創新創意得不到支持，他們害怕冒險行動會導致他們被開除。

找到並聘用下一個賈伯斯，還不夠，你必須創造一個可以讓他們發揮與成功，進而幫助公司成功的工作環境。

還記得嗎？蘋果的董事會最終開除了賈伯斯，為什麼？因為他們認為他們無法控管賈伯斯的計畫，他們認為那些是瘋狂、不切實際的計畫。所以，就連賈伯斯也敗給那些理應是經驗老到的經理人。結果，賈伯斯一離開，蘋果旋即走下坡，直到賈伯斯鳳還巢，領導蘋果重返成功。

如果你能依循本書的許多建議，你的公司也一樣能步入邁向成功之路。不過，這裡要提出最後一個建議，很簡單的一個建議：行動！

很多人在淋浴時想出了好點子，但重點是：踏出淋浴間後，你如何處理這個好點子？所以，**要是你只想從本書中汲取與採行一個建議，那麼這個建議就是：你必須行動！**你必須做些事情！太多人在閱讀書籍、聽完演講、出席研討會後，回到工作與生活中，卻依舊沒有做出任何改變。如果你讀完本書後，也是如此，那我就失敗了；光是了解你必須尋覓、錄用和滋育創意人才，還不夠，你必須實際起而行。

☆☆☆

你和你的公司天天為了未來而奮鬥，卻在轉瞬間，你的競爭者可能向前躍進了一大步，而你還搞不清楚發生了什麼事；轉瞬間，你的競爭者可能已經搶走你的市場，你發現時，已經來不及了。未來可能朝任何方向驟變與躍進，你以為諾基亞或打造黑莓機（Blackberry）的行動研究公司（RIM）曾預料到它們的事業會被加州那個以某種水果命名、從未踏入過手機市場的電腦公司摧毀泰半嗎？

你必須走入未來，絕對不能停留在過去，如果你極富創造力，你還可以創造並左右未來。富創造力，指的是能使未來更快速發生，並且對那個未來有某種程度的掌控力。

以創新聞名的公司，全都起而行，它們做很多事，以付諸行動。你想要有好點子，很好，儘管設法取得許多好點子；但若你想成功，你必須竭盡所能對這些好點子採取行動。其中一些點子會失敗，世人很快就會遺忘它們，但那些最終成功的點子可能會改變你的事業軌跡，把你的公司提升至新高境界。

我最敬佩賈伯斯的特質之一就是這點：他行動。事實上，他從未停止行動，他持續不輟處理新點子，把新概念付諸實行，尋求下一個大熱門的東西。**蘋果的成功，有很大程度必須歸功於他瘋狂的行動力。**

一九八〇年代初期，我邀請賈伯斯來恰奇看看我們的一些研究計畫。當時，我們剛成立「Kadabrascope」事業單位，研究電腦輔助動畫，這個新事業單位有幾名軟體工程師和動畫師，他們在研究使用當時很熱門的迷你電腦「VAX 11-750」。賈伯斯對這項計畫很感興趣，我們聊了好幾個小時，談電腦輔助動畫的未來，儘管我們當時知道這未來尚未到來。

VAX 11-750使用Unix作業系統，賈伯斯後來也在他的NeXT個人電腦上採用Unix作業系統，這個作業系統具備多線程（multi-threading）性能，你可以同時跑多個不同的軟體程式，如果其中某個程式當掉了，並不會導致整個系統當掉。

幾年後，耶誕節假期剛過，賈伯斯來我位於加州伍賽鎮的家，他想跟我聊更多有關電腦輔助動畫的東西，這是延續幾年前我們聊過的同一個主題，由此可見他的專注力。他尤其想知道我對喬治．盧卡斯（George Lucas）電影公司旗下的皮克斯電腦動畫部門（Pixar）的看法，特別是他們的動畫技術。

我告訴他，我們即將來到突破點：這項技術隨時會展開大規模的商業化應用，但仍有風險，畢竟，截至當時為止，還沒有人能成功地使用電腦輔助動畫來製作標準長度的動畫影片。我預測，一旦有人成功突破，電腦輔助動畫就會成為一門蔚為風行的技術。

賈伯斯回答，自從離開蘋果，他就一直著迷於皮克斯在這個領域的發展與成績，他考慮投資這家公司。我告訴他，他對這類東西的嗅覺向來十分敏銳，**他應該做他向來在做的事：「行動！」我說，「然後，解決接下來可能遭遇的任何問題。」**

賈伯斯向我致謝，我們便轉移至其他話題。過了幾個月，我發現，他已經對皮克斯做出重大投資。

☆　☆　☆

幾年後，我受邀參加電影《玩具總動員》（*Toy Story*）在舊金山的首映，首映後的派對上，我們讚嘆它的動畫技術真了不起。

「這部作品非常出色，賈伯斯！」我說。

賈伯斯露出微笑，說：「我行動！」然後走進人群裡。

BIG叢書0242

尋找下一個賈伯斯——跟賈伯斯的老闆學覓才、用才、育才及留才的51個心法

作　者—諾蘭・布許聶爾（Nolan Bushnell）／傑尼・史東（Gene Stone）
譯　者—李芳齡
責任編輯—劉慧麗
美術設計—張瑜卿
執行企劃—楊齡媛
董 事 長
發 行 人—孫思照
總 經 理—趙政岷
副總編輯—丘美珍
出 版 者—時報文化出版企業股份有限公司
10803臺北市和平西路三段二四〇號三樓
發行專線—（〇二）二三〇六六八四二
讀者服務專線—〇八〇〇二三一七〇五・（〇二）二三〇四七一〇三
讀者服務傳真—（〇二）二三〇四六八五八
郵撥—一九三四四七二四時報文化出版公司
信箱—台北郵政七九～九九信箱
時報悅讀網—http://www.readingtimes.com.tw
電子郵件信箱—big@readingtimes.com.tw
法律顧問—理律法律事務所　陳長文律師、李念祖律師
印　刷—盈昌印刷有限公司
初版一刷—二〇一三年十月二十五日
定　價—新台幣三〇〇元
⊙行政院新聞局局版北市業字第八〇號

國家圖書館出版品預行編目（CIP）資料

尋找下一個賈伯斯：跟賈伯斯的老闆學覓才、用才、育才及留才的51個心法/ 諾蘭・布許聶爾（Nolan Bushnell), 傑尼・史東（Gene Stone）合著；李芳齡譯. -- 初版. -- 臺北市：時報文化, 2013.10
面；　公分. --（BIG叢書；242）
譯自：Finding the Next Steve Jobs : How to Find, Hire, Keep, and Nurture Creative Talent
ISBN 978-957-13-5839-0（平裝）

1. 人事管理　2. 人才

494.3　　102019595

Finding the Next Steve Jobs by Nolan Bushnell and Gene Stone

ISBN 978-957-13-5839-0
Printed in Taiwan